Best wishes for the future of your work with animation students

Gary Mairs

祝愿动画学生的作品拥有美好的未来!

盖瑞·梅尔斯

盖瑞·梅尔斯（Gary Mairs）

美国籍。美国加州艺术学院电影学院院长、电影导演工作坊创办人之一。在电影界有多年的创作经验。曾导演和监制电影短片《醒梦》(2007)、《说出它》(2008)、《海明威的夜晚》(2009)，担任官方纪录片《出神入化：电影剪辑的魔力》(2004)的艺术指导。在线上专业杂志包括《摄影机的低架》、《烂番茄》。发表多篇专业论文，著作有《被控对称性：詹姆斯·班宁的风景电影》。

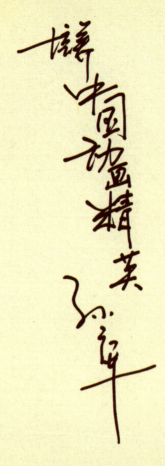

振兴中国动漫精英

孙立军

孙立军

北京电影学院动画学院院长、教授。

现任国家扶持动漫产业专家组原创组负责人、中国动画学会副会长、中国电视艺术家协会卡通艺术委员会常务理事、中国成人教育协会培训中心动漫游培训基地专家委员会主任委员、中国软件学会游戏分会副会长、中国东方文化研究会漫画分会理事长、国际动画教育联盟主席、微软亚洲研究院客座研究员、北京电影学院动画艺术研究所所长。

主要作品有：漫画《风》，动画短片《小螺号》、《好邻居》，动画系列片《三只小狐狸》、《越野赛》、《浑元》、《西西瓜瓜历险记》，动画电影《小兵张嘎》、《欢笑满屋》等。

曾担任中国中央电视台少儿频道动画片、"金童奖"、"金鹰奖"、"华表奖"、汉城国际动画电影节、2008奥运吉祥物设计、世界漫画大会"学院奖"等奖项的评委。曾获中国政府华表奖优秀动画片奖、中国电影金鸡奖最佳美术片奖提名等奖项。

with head and
hands ...
all the best to
Animation students

Keep animating!

Robi Engler

祝愿所有学习动画的学生，用你们的
头脑和双手，创作出优秀的作品！

罗比·恩格勒

瑞士籍。1975年创办"想象动画工作
室"，致力于动画电视与影院长片创作，
并热衷动画教育，于欧、亚、非三洲客
座教学数年。著有《动画电影工作室》
一书，并被翻译成四国语言。

罗比·恩格勒（Robi Engler）

THE FUTURE OF
ANIMATION IN CHINA
IS IN THE HANDS
OF YOUNG TALENT
LIKE YOURSELVES.
TOMORROW'S LEGENDS
ARE BORN TODAY!
CHEERS,

KEVIN GEIGER
WALT DISNEY
ANIMATION

中国动画的未来掌握在年轻人手中，就如同你们自己。今天的你们必将成为明天的传奇！

凯文·盖格

美国籍。现任北京电影学院客座教授。曾担任迪斯尼动画电影公司电脑动画以及技术总监、加州艺术学院电影学院实验动画系副教授。在好莱坞动画和特效产业有将近15年的技术、艺术和组织方面的经验，并担任Animation Options动画专业咨询公司总裁、Simplistic Pictures动画制作公司得奖动画的制片人、非营利组织"Animation Co-op"的导演。

凯文·盖格（Kevin Geiger）

游戏制作人生存手册

[英]丹·爱尔兰 编著

卢 斌 黄 颖 万方昱 译

中国科学技术出版社

·北 京·

图书在版编目（CIP）数据

游戏制作人生存手册/（英）爱尔兰编著；卢斌，黄颖，万方昱译. —北京：中国科学技术出版社，2011

（优秀动漫游系列教材）

ISBN 978 – 7 – 5046 – 4982 – 9

Ⅰ. ①游… Ⅱ. ①爱…②卢…③黄…④万… Ⅲ. ①游戏 – 软件开发 – 工程技术人员 – 教材 Ⅳ. ①TP311. 52

中国版本图书馆 CIP 数据核字（2011）第 019815 号

本社图书贴有防伪标志，未贴为盗版

Copyright © 2005 by Course Technology，a part of Cengage Learning

Original title：The Game Producer's Handbook

版权所有　侵权必究

著作权合同登记号：01 – 2009 – 4846

作　　者　[英]丹·爱尔兰

译　　者　卢　斌　黄　颖　万方昱

策划编辑　肖　叶　　　　　　　　责任校对　张林娜

责任编辑　肖　叶　梁军霞　　　　责任印制　安利平

封面设计　阳　光　　　　　　　　法律顾问　宋润君

中国科学技术出版社出版

北京市海淀区中关村南大街 16 号　邮政编码：100081

电话：010 – 62173865　传真：010 – 62179148

http://www.kjpbooks.com.cn

科学普及出版社发行部发行

北京国防印刷厂印刷

*

开本：700 毫米×1000 毫米　1/16　印张：18.75　彩插：4　字数：335 千字

2011 年 5 月第 1 版　2011 年 5 月第 1 次印刷

ISBN 978 – 7 – 5046 – 4982 – 9/TP · 378

印数：1—3600 册　定价：59.00 元

序

　　如果让时间跳回到游戏产业的初始时期，那么的确不需要制作人这一角色的存在。因为在游戏产业的初始时期整个过程只需要一个人来完成。这个人既是制作人，又是程序人员；既是美工人员，又是商务运营经理；既是动画导演，又是音效监制，甚至沏茶、贴邮票这些事情也要自己来。

　　而在游戏产业发展的过程中，不仅是某种数量上的增值，其游戏产品的质量也在不断提高。世界各地的玩家们需要效果更加逼真、内容更为丰富的游戏产品。这就形成了游戏庞大的市场。

　　游戏制作团队的规模也随着整个产业的发展而日益扩大。由最开始的一两个人的初级团队扩大到一二百人的大型团队。而人数的增加也同样增加了工作的复杂程度。当团队的规模超过十个人的时候，就需要有一名指挥官来统筹安排工作的进程。而这就是制作人的职责所在。

　　当团队人数继续增加的时候，制作人也同样需要一些工作方面的协助，此时则出现了专门的制作部门协助制作人来组织项目工作。这种制作部门工作的形式在目前高端游戏项目中是比较常见的。

如今好莱坞制作人的工作模式从某种意义上讲，预示了游戏制作人工作模式的发展趋势。他们需要整合大量的预算报告（最多时可达到游戏开发项目十倍之多的预算报告），组织四百余名演职人员进行工作。那么这种工作强度对于游戏制作人来说是否过大了？我认为游戏制作人的工作强度与复杂程度会大于电影、电视剧制片人的工作强度及复杂程度。在我看来，娱乐产业的发展趋势是朝着多种公司进行业务合并的方面发展的。也就是说，之后很可能会出现全能复合型的娱乐公司，什么都可以做。而在这种大趋势下，制作人的工作也必将更加复杂、更具价值，当然回报率也会增高。

在同行业内的资深人士中，有很多人已经开始就游戏制作开展了一些相关课程以及相关资格认证。对于想要学习游戏制作人的工作方法的学生们、新手们，这本书绝对会对你有所帮助。

我向这本书的作者丹·爱尔兰表示祝贺，也同样祝贺首版的《游戏制作人生存手册》的出版。在未来的一段时间里，这本书对于制作人的帮助是可想而知的，感谢丹为了此书所付出的一切。我强烈向您推荐这本书。

感谢丹！

Shiny Entertainment 公司主席

戴夫·佩里

前　言

　　谨以此书献给每个信任我、任用我的经理，你们每一个人都为这本书，我的事业以及我所开发的产品作出了杰出的贡献，感谢你们。

本书的适用者

　　本书是关于如何使游戏制作人成为真正意义上的领导者———位能够使游戏构想成为现实的人。如果你在试图寻找一种力量能够帮助你将你的游戏构想变为现实，那么本书会告诉你一位出色的游戏制作人会做些什么。

　　本书揭开了游戏产业职业生涯的神秘面纱。如果你寻求的是一种充满新鲜感、不再枯燥的生活，那么就把这本书读下去。很少有像游戏产业这样的行业能够达到这种生活状态，本书会让你触碰到游戏产业给你带来的收获。

　　如果你已然是游戏行业或者其他行业的业内人士，你同样能够从这本书中找到一些你之前没用过的方法和窍门。或许可以获得一些经验，能够帮助你更好的完成下一个作品，并且使过程更为高效。通过阅读此书，可以使你对游戏制作人这个角色有更加深刻的理解，从而使你的工作变得更为轻松，效果好，收益多。尽管笔者在游戏产业中摸爬滚打已有十多年，但是仍然有很多问题是有所不知的。但是每一天都是学习新事物的机会，兴许你也一样。经历了过去刚入行的那些艰难时刻，我决定将这些就这个行业我所知道的以及从其他人那里获取的经验、方法写入这本书。

本书的基本内容

本书涵盖如下内容：

* 游戏制作人的职责以及制作人的种类

* 制作人普遍面临的挑战

* 如何高效、简便的创建程序设计文档

* 专利游戏开发工具及第三方软件使用许可的授权，素材资源管理以及源码控制的方法与流程

* 如何管理、创建里程碑

* 制作人如何高效、准确地传递游戏设计意图

* 开发过程中的资金管理

* 对于游戏设计方面，制作人在其中扮演怎样的角色

* 如何制作完美的音轨以及为什么音乐与画面同样重要

* 如何管理游戏在市场营销过程中的方方面面

如何使用附录

本书最后是附录部分，其中囊括了书中所提到的内容的样本。要注意的是，没有一种程序模式适用于所有项目或者公司，要根据具体情况制定管理模式。

* 附录 A 接受信样件。出版方对于提交的里程碑的反馈，此为制作人对于反馈的接受信。

* 附录 B 引擎功能一览表。该表可用于二次审核游戏技术方面的设计情况，其中包括了多数游戏引擎所需功能（feature）。

* 附录 C 市场交付一览表。该表可供制作人以及市场营销部门确定各个工作程序交付的时间。

* 附录 D 开发工具。包含了制作人在工作过程中能够用到的工具，登录 http://www. coursptr. com/ downloads 下载或更新工具。大体工具如下：

  * 里程碑接受测试，此为检查清单，可保证开发方向出版方支付完整的里程碑。当对里程碑进行评估与审核时，开发方将向出版方提供这份清单。

  * 里程碑交付清单，用来确认在里程碑提交前，所有里程碑所涉及的项目均由指定负责人员或方面完成。

  * 美术制作表，是用来跟踪管理游戏艺术素材表格的样表。

- 声音内容表，同美术制作表作用相同，用来跟踪管理游戏音效的制作。

- 风险管理计划，用于处理预测风险。

* 附录 E 里程碑制定的条目。给出了一个里程碑进度表的样表，让你能够清晰地看到里程碑包含的内容。

作为制作人我们应该做些什么

当今时代，游戏产业的发展似乎与当年摇滚产业的发展具有异曲同工之妙。十几年前出生的那一代狂热潮流、崇尚科技的年轻群体已经在我们各种新媒体中贡献了他们的青春。如今虽然政府在严格地审查着游戏的内容、情节、画面，但是年轻一代仍然不顾一切的疯狂爱上了游戏所带来的娱乐性和刺激感。

对于那些想成为 21 世纪鲍勃·迪伦式故事讲述者或者猫王，甚至想成为约翰·列侬的朋友，要知道即使在唱片产业同样需要一个出色的制作人来完成出色的作品。如果你已经是一个将产品投入市场的成功制作人，那么你的经验将会对之后的作品起到推动作用。

游戏产业诞生于 30 前，仍然是个新兴产业，还有很长的路要走。随着每一款新游戏的诞生，我们正一步步走向成熟。

许多其他的媒体产业都在以创新为蓝图向前发展，艺术形式同样也在创新。这就给予游戏产业很多发展创新的机遇，但是我们还没有充分利用好这种优势环境。在此我引用歌德的一句话："无论你是真的能做到还是在梦中能做到，那么就开始行动吧。"

现在你可以翻开这本书，开始行动的第一步。

目　录

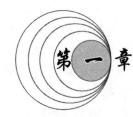

第一章 游戏制作人该做些什么

　　首先，您选择了这本书就意味着您想直入主题，想直接了解游戏制作人的工作。那么游戏制作人该做些什么？这个问题恐怕许多业内人士也难以完整地回答。按照戴夫·佩里在2004年游戏开发者会议（game developer's conference）上的主题发言，一名游戏制作人应该做到以下工作：

* 完成一部游戏的成品交付
* 需要知道制作团队所有成员的名字
* 与制作团队的成员们同舟共济，在他们需要指导的时候及时提供帮助
* 始终与参与游戏项目的人员沟通、准确地传达信息，这也是作为制作人的职责
* 了解游戏制作的各个步骤，深入管理游戏制作的每一环节
* 尽可能协助推进游戏的销售、质量的提升以及保障游戏各项产权的安全
* 面对工作中可能遇到的困难和挑战要有充足的信心
* 尽一切努力帮助制作团队完成项目计划

制作人（制片人）简史

对于传统媒体娱乐行业，制片人负责演员的编排，安排艺人或配音演员进行录音，组织公演等事情，职责颇为广泛。制片人负责节目、项目、演出的完成。电影、电视制片人的职责包括演员的安排、导演的聘用、剧本的选取、各类合同的签署、作品的发行以及财务管理、作品制作进度、作品推广、市场营销和公共关系等。与此类似的还有音乐唱片制作人。唱片制作人这一职业随着留声机的普及而出现。他的工作包括寻找歌手、租用录音棚、确保发行方的权益、作品推广发行及处理公共关系，也同样负责与乐手、词作者、曲作者的合同签署。

时间推进到 21 世纪，随着新兴的娱乐媒体——互动娱乐（指电子游戏）的产生，制作人（制片人）的工作范围也相应地扩大。而游戏制作人的职责不仅包含了上述的电影、电视制片人和唱片制作人的职责，还加入了诸多元素。工作范围扩大将意味着游戏制作人会面临更多的困难和更严峻的挑战，这些挑战与困难也是电影、电视制片人和音乐制作人不曾面对的。比如，游戏制作人需要根据不同的游戏类型，研发更新制作技术和制作工具，研发核心游戏形式并确保其实施贯彻、确保与游戏设计人员能够及时交流，深入到游戏开发工作中，确保游戏产品的设计具有很强的娱乐性。

游戏制作人的职责与条件

想成为出色的游戏制作人必然要经受的起诸多考验。本节将向你介绍作为游戏制作人将面临的各种问题，也包括一些制作人普遍职责。看完下面的内容后，你会对制作人的职责及日常工作有个大体的了解。如你所见，作为制作人需要技术全面、经验丰富、知识面广才能应付这些挑战。尽管并不是所有的制作人都面临着同样的情况，但是当你踏入这一领域就会发现，下面列出的东西是弥足珍贵的。

积极奉献的精神

作为一名制作人，应该积极投身于游戏的制作。这就意味着制作人并不是坐在办公室里盯着 Microsoft Project 进度表看上一整天，而是积极的参与制作团队的设计会议、与大家一起分析问题、解决问题，作出正确的抉择。并且用这种工作热情感染整个团队。制作人好比润滑油，能够保证团队这台机器顺畅地运转。

具备良好的决策能力

游戏产业中，好的决策能力无疑是极其重要的。当然，谁又想作出错误的决定呢？但问题在于，在你的决定实现前你是不知道这个决定究竟是对是错，事后才知道决定是错却为时已晚。我们这里所提到的好的决策能力并不是指单纯的某个决定，而是要强调作决定的过程。

好的决策过程指的是要审慎对待所有与项目相关的信息，经常征求其他项目参与者的意见和建议。根据具体情况设定一个作出该决策的期限。然后宣布决策，并向与此决策有关的人提出支持该决策的理由。即使决策是错误的，遵循这个原则尚可以确保在项目进行过程中，制作团队可以沿着正确的路线前进。也可以逐步增强成员们对制作人的信心。如果支持决策的理由是合理的，那么多数情况下这个决策是不会错的。话又说回来，没有谁是完美的决策者，但是如果不遵循正确的决策过程，只会带来更大的风险，造成更大的损失。而在拖延了很久之后还是作出了错误的决策，那就更惨了。

参加预算会议

出席预算会议时，制作人必须要清楚地向与会人员讲解预算情况。包括计算项目已经消耗的资金，以及预算完成项目还需要多少资金。这里则需要作盈亏平衡分析（P&L）。

具备超前的思维

顾名思义，超前思维即指要在问题出现前一天、一周甚至一个月便能料想到问题的产生。如果能够做到这一点，那么就不会给突发事件留有机会，确保游戏项目的顺利完成。这需要制作人在一些不良情况影响到项目进展之前便将隐患发现并解决。而在游戏开发过程中最典型的问题就是开发工具的许可以及第三方软件的使用权问题。作为制作人一定要处理好这些问题。

其他关系到游戏开发进程的问题包括：游戏运行的最低配置、所支持的显卡、游戏发售的平台（PS、PC、PSP、Wii 等）。制作人必须考虑到所有潜在的问题，并斟酌其轻重缓急，按部就班地逐个解决。

达成共识

要想与团队成员和谐相处，最好的办法就是在决策时和大家达成共识。而要达成共识的最好办法则是面对决策时征求大家的意见，从而树立团队信心。要让大家觉得作出的决定有自己的一份功劳。

有时会有些很难作的决定，大家的意见各不相同。这时要尽量听取大家的建议，然后斟酌轻重，最终达成共识。但是让所有人都认同一件事的确很难做到。

动画交付

一款游戏关键在于游戏形式，制作人的任务则是交付一段过场动画来叙述游戏情节，或者用于市场营销宣传。但是游戏形式、游戏中的过场动画以及其他动画需求都很重要，在交付的顺序上容易出现差错。在制作游戏预告片的过程中更容易出现问题。所以无论动画片段是用于游戏本身还是市场宣传，制作人都要始终与艺术总监以及动画制作人员紧密配合，确保动画的按时交付，其内容与游戏内容紧密相连，完整地表现游戏内容情节。

建立前期制作计划

前期制作计划是基于整个开发过程而作出的统筹的工作计划。在此过程中，制作人需要与团队各部门的负责人紧密配合，为产品的推出建立可行性方案，同时就计划完成的目标制定推荐方案。

在前期制作阶段，制作团队开始游戏制作的准备工作。理想状态下，当团队开始制作时，所有的阶段性目标都已经确定。

通常在前期阶段，制作团队会测试美术输出流水线和游戏设计文件，同时会建立美术素材列表。除此以外，在此阶段还需要做的工作是明确美工设计明细和游戏主要功能，并将其列入日程表。

提示

为了测试你最终要做的游戏，在前期阶段需要制作游戏样版（prototype）或者迷你版。这样做可以让团队成员们在制作正式版前积累一些经验，对之后的工作有个适应的过程，或者可以称为"热身"。

建立制作计划

如同前期制作计划一样，制作人还要建立制作计划。制作计划是真正意义上的游戏开发文档，同时也是游戏开发的最佳指导方案。制作计划由若干个附属计划组成，这些附属计划详细的描述了各个制作开发过程的实施方案。其中包括了团队各个部门的具体工作计划——设计、美工、程序等等。制作计划与风险评估报告、预算报告、功能清单、工作进度表以及美术素材形成一个整体，使管理一目了然，以便审阅。

制作计划主要包括以下内容：

* 游戏内容核心陈述和执行概要（概述游戏的可玩性）
* 创意设计文档（CDD）（概述游戏的创意思想以及艺术视

觉构想)

  * 技术设计文档（TDD）（概述游戏所要达成的功能）
  * 风险管理控制计划（概述可能遇到的风险以及控制处理方案）
  * 开发日程进度安排（可为详细日程进度计划或者月计里程碑）
  * 预算资金要求（概述月计花销分配及主要开支等内容）

生成游戏设计文档

制作人需要与设计团队紧密配合，明确游戏设计文档。确保设计理念易于制作与整合。游戏设计师通常带有一种与生俱来的倾向，那就是把游戏做的过于复杂，失去连贯性。如果完全按设计师的意向去做可能需要很长时间来调试。此时制作人就要引导设计人员在保证游戏娱乐性的情况下尽量简化设计内容。

协调与硬件生产商的关系

在游戏开发过程中，制作人与硬件生产商的关系十分重要，如 Intel、NVIVIDA、ATI、Creative Labs、Microsoft，还有游戏平台厂商如 SONY、Nintendo、Xbox 等。制作人要巩固发展与这些硬件生产商的关系，确保你的开发团队能使用最新的硬件，最佳的技术支持以及能够激发硬件潜力的内部消息。另外还要争取获得最新的声卡、显卡的预览版、候选版本。保持与各类娱乐硬件商广泛的联系，包括游戏手柄制造商、游戏方向盘、跳舞毯、沙锤（桑巴沙锤中曾出现过这种情况）等。

法律及合同

作为制作人需要掌握一定的法律诉讼及合同签署等方面的知识。尽管你可以在遇到问题时寻求律师的帮助，但是制作人本身也需要了解一些关于合同法、诉讼程序、版权持有、独占及非独占许可等这些与项目进展相关的问题。也许你之前做过的项目并未涉及这方面的问题，但是你要知道，干这行越久这些知识对你越重要，因为早晚会碰到。

许可与品牌

我们这里所指的许可，是指管理许可持有人和在该许可范围内如何完成产品开发之间的关系。品牌指产品全方位的形象（注册商标和原始商标均可），保证产品能够得到品牌的推动效应。在软件市场中品牌是极为重要的，品牌是区分生产开发方的重要标识。制作人要把握住品牌和许可所表达的意识形态及产品理念。

中间件

当游戏开发团队在开发过程中运用中间件工具（如 Criterion Software 或者 Gamebryo）时会遇到一些问题。这些中间件工具可为游戏开发者在有限的游戏类型范围内提供标准的工具和功能。当游戏设计人员所需要的功能设置或者进行的操作超出了中间件的支持范围，制作人就要了解关于中间件的问题进而将其解决。制作人可以通过联系中间件供应商来寻求帮助，或者与其他第三方软件供应商联系来帮助游戏设计人员和场景制作人员。

平台转换

当一种游戏平台已占有相当的市场份额，销售情况非常好时，又有新型的游戏平台即将问世——这个阶段即是我们所说的平台转换阶段。在这个阶段对于正在开发的游戏来说是个巨大的挑战。因为支持新游戏平台的硬件还没有制作完毕，游戏开发人员没有相应的配套设备可用。这就需要制作人有超前的思维，敦促新配套硬件的交付，灵活掌控游戏设计以及项目进度。

处理好公共关系（PR）

PR 在产品预售版的推广乃至整个开发过程中，都扮演着重要的角色。在巡回发售过程中，需要制作人有出色的演说能力、清晰的头脑以及对作品的信心与热情。特别是与出版方接触时更需要制作人出色的人际交往能力。

质量保证

大多数制作人或助理制作人都承担着质量保证的职责。质量保证可以是由专门的检测人员来完成，也可以由质保部门来完成。虽然说和质保部门合作会有些压力，因为他们是来给你的作品挑毛病的，但是当你的 bug 被他们修复之后，你的作品才会变得完美。同时，数据库的管理要始终跟踪 bug 的修复审查情况。

辅助销售

制作人要尽自己最大的努力来帮助产品的销售。要与销售部门、采购方、市场部门和 PR 部门紧密配合，推动销售，不要忘记举办展销会。一般销量好的游戏作品都有制作人的鼎力支持，使所有人凝聚在一起，将游戏的信息大力宣传开，让大家知道这款游戏多么令人期待、多么有竞争力。把游戏宣传信息准确地传播到各个销售渠道，在消费者中取得胜利，那么你的作品就取得了胜利。

招聘、面试

聘用开发人员是制作人的职责，当然也有例外，不过大体上制作人应该肩负起人员聘用这个责任。要确定聘用的人员能否与其他成员和谐相处。能够发掘团队成员的工作潜力，激发成员们的工作激情，这是成功制作人应具备的素质。聘用工作大致包括程序人员测试、设计人员问卷测试、面试、电话问答等。有些制作人还负责与员工协商工资。大体上来讲，就是保证聘用到合适的人选来负责合适的岗位，大家和谐相处、团结进取。

与上层管理人员合作

制作人常有机会能够直接接触到上层管理人员，也可以影响上层管理人员的决策。与上层管理人员接触需要一定技巧，因为这很可能影响到你和你的团队的工作，乃至你的事业。了解上层管理人员的工作规律，比如风险的处理、工作的方向。

了解游戏

　　制作人必须了解游戏，这意味着制作人要把他头脑里关于游戏的理解运用到项目中去。从而可以与设计人员探讨设计理念、与美工人员商榷视觉效果等等，如果你想做出成功的作品，这些游戏方面的知识可想而知是多么重要。

善于学习

　　要善于寻找能够提升自己的管理、提高团队工作效率的新方法、新途径。多为自己以及团队寻找学习的机会。如果没有了对新事物的敏感性，那么定会限制事业的发展。特别是在数字技术日新月异的今天，的确是逆水行舟，不进则退。

素材管理

　　一款游戏要用到数以千计的素材，包括各种模型、渲染、界面元素、菜单、动画素材、特别底面等等。在设计方面有场景编辑工具、媒体播放器设计材料、功能、剧本、核心游戏形式等。除此之外还包括录音素材、音效、音乐、语言以及各种 PR 材料等。

大型团队的管理

　　管理大型团队对于制作人来说是个巨大的挑战，不仅如此，有些特殊的挑战更是令人头疼。比如协调输出流水线、游戏功能整合或素材管理等。这样一来，当你管理一个 60 人到 100 人的团队绝对要比管理三四十人的团队要难得多。这里有个窍门，那就是将大型团队分成若干小组或者部门，并在每个部门指派专门的负责人。关键在于你要能够找到合适的人选。而选择了正确的人选，也就相当于树立了团队工作的榜样。

其他语言版本管理

当游戏开发到了单语种制作完毕的阶段，而此时需要在其他国家的市场投放时，便涉及到其他语言版本管理的问题。举例说明，许多的游戏是以英语作为母本进行开发的，而之后需要在法国或者德国、意大利市场上投放的时候，在销售给零售商前，需要制作可供选择的、相应语种的版本菜单及声音文件、网络文件。海外销售是游戏取得成功的必然条件，但这一过程是十分复杂且耗时的，在其他语言版本制作管理这个阶段一定要注意细节的处理。

资源配置管理

资源配置管理指的是资源在开发中的分配。很显然，任务需要一项一项的完成，那么就涉及资源配置的问题，资源与任务需要一一相对。在这个过程中要经常复查配置情况，以确保在人员众多且时间跨度大的情况下不会出错。

美术资源管理

制作人需要负责管理游戏的美工部分的工作。其中包括跟踪管理已经完成的美术素材，确定尚未完成的美术素材。通常，美术制作素材需要重新分配，以确保美术制作工作能够按照进度表进行。制作人需要与美术制作人员紧密配合，制订风险评估处理计划，确保制作工作的顺利进行。

声音制作管理

这个题目已经可以完整地概括这项工作的实质了。其中包括对配音录制、剪辑、音效、音乐（环境音乐和线性音轨）的负责承包人员的管理，如果需要进行混音或者录制的话，还要参与录音棚的租用等工作。声音在一款游戏中具有重要的作用和地位，一定要做好声音部分的工作。

协调与供应商的关系

制作人往往忽视了与供应商的关系，而事实上与供应商的关系很重要。在游戏制作过程中需要使用供应商提供的软件，如 3D Studio Max、Maya、Lightwave、声音库以及与 Incredibuild 类似的第三方软件。甚至连 Alienware 都可以为你的项目提供帮助，所以说与供应商的关系是十分重要的。

通常，当游戏开发方与供应商建立了良好的合作关系时，制作人可以与供应商进行多方位、多层次的合作。随着这种关系的巩固，你的下一个项目也会从中受益。这也省去了寻找合适的供应商这道程序。

管理你的时间

对于时间的管理可以说是作为制作人的基本能力。也是决定游戏项目能否存活的关键因素。因为对于开发过程至关重要的因素就是时间，你无法令时间倒退，而只能选择在游戏项目上多花些钱，或者牺牲游戏质量。要合理的分配资源与项目的各个部分，确保整个项目能够高效地运转。

产品的推销策略

推销策略是一种能够将游戏的主旨特点、概念思路销售出去的能力。在这个环节中，制作人就如同推销员一样，向听众进行宣传。无论听众是谁，执行管理人员或者出版方，制作人要有策略地把自己的作品推销给他们。成功的推销行动需要制作人对自己的作品具备十二分的热情，并要将这种激情传递给听众，从而使他们有购买的意图。没有好的推销策略，产品的销售就不会太好。

行业经验

行业经验对于游戏行业来说是至关重要的，因为制作人的经验是否丰富决定了他处理事物的能力。我们要强调的是，尽管在制作过程中有许多相似的环节，但是游戏产业与其他娱乐产业不同，在游戏制作过程中不会有两个相同的环节。经验丰富的制作人更具备解决各种问题的能力。换言之，从事这项事业的时间越长，制作人的身价越高。项目的规模也决定了价值的大小，做规模较大的项目所面临的问题和小项目不同，总之在此行业中立足一定要注意经验的积累。

明确工作重点

制作人要理解游戏的内容以及游戏能为玩家带来哪些体验。成功的经验告诉我们，明确工作重点对于项目成功起着重要的作用。要优先关注项目中高风险的部分，当游戏开发进入比较难以定夺的阶段时，明确工作重点可能会将项目进程转危为安。

适时给予市场营销建议

给予市场营销建议绝对是个挑战，哪怕是最好的制作人面对这项工作也不例外。市场营销宣传需要素材，比如屏幕截图、预告片、包装、杂志宣传图片、宣传单等等。对于制作人来说，难点就在如何使这些市场素材有机地结合起来，使市场营销效果做到最好。

日程进度

在刚才提到的时间管理和资源管理中，我们讨论过关于日程进度安排方面的问题。时常更新进度表是制作人的主要工作。要能够熟练的使用 Microsoft 的 Excel、Project 或者 Access。

制定产业制度

美国艺电公司（Electronic Arts，以下简称 EA）无疑是游戏行业的领头羊。EA 成功的根本原因就是严守着自己的产业制度并将这种制度推广到每个产业环节中。对于一个组织或者公司来说，若要获得成功必然需要一个规范的制度。好的制度能够确保自己的组织或者公司取得长远意义的成功。

作为制作人，你可以运用以下方法来确立产业制度：

1. 为工作人员制定目标，以此来刺激他们完成计划，并适当地给予奖励。

2. 让工作人员上交任务完成承诺书，以此来确保他们对你的意图有充分地了解，并且愿意完成某项任务。

3. 通过在部门之间进行工作比较，来衡量工作完成的效率情况。

4. 保存工作人员上交的工作承诺书。在有些情况下工作人员无法按承诺完成任务，比如受到外界干扰或者由于内部因素干扰，即使没有完成任务，通过这个方法也可以帮助他们尽可能好地完成任务。

SMART 目标

目的明确（Speific）：要尽可能的明确目标，不明确的目标即不好完成也不好统计。

便于衡量（Measurable）：设定的阶段性目标要便于衡量，比如完成时间、完成情况等等。

认可度高（Acceptable）：所定的目标要可行，要根据自己的标准、能力来设定。

可行性高（Realistic）：不要设定一些不切实际的目标。

时间限制（Time bound）：设定一个预计完成的时间。

制作人的所属权

如果制作人从内心对自己的项目有一种归属感，那么从个人意义上讲，制作团队的一切就与他息息相关了。这种所属权并非指当任务完成时的成就感，而是你要为任务扫清障碍的责任感。要以客观的视角审视项目的每个环节，包括开发过程、目标、市场定位情况等等，同时不能忽视外界干扰对项目的影响。

与他人交往

能够顺畅地与他人交往是种能力，也是制作人工作中的一部分。作为制作人必须要能够将自己的知识、经验与团队其他成员进行共享。要做到能够清楚地解释目前项目的进展情况、环境，回答团队成员提出的问题，确保在某个问题对项目产生不良影响之前就将其发现并处理。在作出决定前要向团队说明你的理由，让团队成员感觉这个决定不是你武断作出的。当有新成员加入团队时，制作人有义务向新成员介绍团队情况、项目进展情况等等。制作人须要有将知识与他人共享的能力。

了解游戏所使用的影片视频的制作情况

游戏所使用的影片包括分镜脚本、过场动画制作以及游戏预告片等。这些影片片段通过玩家操作将整个游戏情节连在一起。制作人需要对电影导演、分镜头、灯光技术、脚本、音乐录制等电影方面的知识有一定的了解。

了解开发系统

开发系统指游戏开发的专用运行系统。通常，想获得这些系统比较困难，而制作人的任务就是保证这些运行系统交付制作团队使用。只有极少数的游戏开发时不需要这些系统。

与程序人员紧密配合

制作人必须要与程序人员密切配合工作，在开发阶段尽早制定工作计划，从而确保为程序人员提供足够的工具。制作人需要跟踪每个进程，这项工作要贯穿整个开发过程。了解每个环节的工作情况，建立关键任务里程碑，帮助程序人员解决非技术方面的问题。

软件开发流程

　　游戏不同，开发的方法步骤也不同。同一款游戏也有不同的开发方法。这里我们主要讨论一些常规的软件开发流程。这样制作人就可以对于整个过程以及管理有个整体的了解。我会在后面详细地讲解每个过程的细节，使用什么工具可以使项目稳步进行。

Code – Like – Hell，Fix – Like – Hell

　　Code – Like – Hell，Fix – Like – Hell（如图 1.1 所示）是最常规、最原始的游戏软件开发步骤模式。新的模式也是在此基础上改进更新的。程序人员以最快的速度做出设计模型，然后进行测试处理。这个模式由于易受某种特殊情况的干扰，所以很容易失败。程序人员，哪怕设计人员或者测试人员都无法一次性的完成这些步骤，所以必须将整个步骤分解成若干步骤进行。这就给 bug 或者错误留下了存活空间。而且这些 bug 在被发现前是不可能修改的。该模型只适用于比较小的项目，因为源代码很难坚持较长时间（6 个月以上）。通常 extreme game development method 或者 XP method 会提到这个模式。

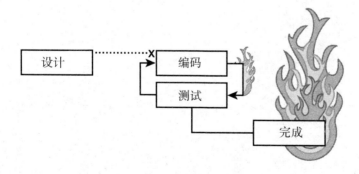

图 1.1

增量完成模式

增量完成模式要求软件开发的过程以相对紧凑的、有限增量形式完成。开发一款冒险类或者第一人称射击类的游戏可使用这种模式。因为当场景引擎和工具完成后，只要将其他部分增量添加到原核中即可。当进行这一"组装"行动时，程序设计人员会依照高级设计文件进行。游戏的设计细节和主要需求都已在高级设计文件中有所概述。但是低级设计文件在功能完成前，或者程序设计人员制定出具体的功能植入方案前是无法完成的。

这种模式（图1.2）的一大优势在于各个功能可以独立平行地进行开发。理论上说这是个好的特征，但是如果没有高度协调和灵活易改的源码结构的话，使用这个模式就有些难度了。使用该模式需要团队在开发过程中尽早做出试验版。总之，第一次使用这个模式所积累的经验从长远意义上讲是十分珍贵的。

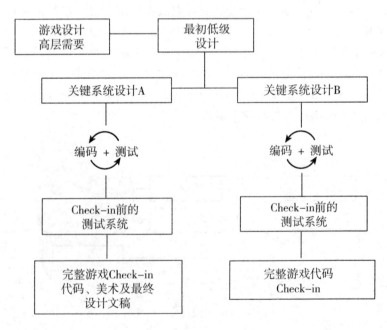

图 1. 2

瀑布模式

　　瀑布模式呈现了整个团队关注下一步工作重点完成情况的过程（图1.3）。在这个模式中，游戏的各个部分可以相对快捷的进行组合，无需太多的时间进行功能建立和组合。这就需要经常对上一个步骤进行复查，因为随着加入的部分增多，有些功能或者重要功能有可能需要更改。而使用这个模式时，主要部分或者功能很难更改，这就意味着所有部分都要从刚一开始便准确无误地进行。从这个角度考虑，我们不推荐使用这个模式。

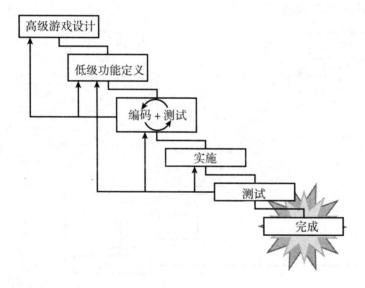

图1.3

迭代交付模式

　　该模式是目前最灵活的游戏开发模式之一，它可以帮助制作人锁定游戏开发的关键部分，然后在开发过程中即可确定游戏设计。该模式的主要优势在于，在开发人员还不确定自己的产品含有哪些功能的情况下，开发团队可以根据市场需求情况及时修改开发策略。能够灵活地进行工作码组合，从而使开发团队、出版方、游戏设计人员将游戏做得更加好玩。如图1.4所示，重复审验是个不可忽视的重要进程。如果你想做出好玩的游戏，那么就要重视重复审验。

如果制作人拥有合适的工具和正确的方法，那么这个模式一定会起到很好的作用。如果管理欠妥，一件事物最大的优势可能会转化为影响其发展的最大障碍。举个例子，大多数游戏设计方案都没有将游戏的好玩之处总结出来，或者直到游戏开发到预售阶段才发现这个游戏最好玩的地方。这个模式的优势在于，它能够适应变化，应对变化。而制作人则需要确保对模式的完全控制，否则就会因无限地开发而超过预算。

在运用该模式时要记住，一定要使用适当的工具和方法，使项目在预算内进行。

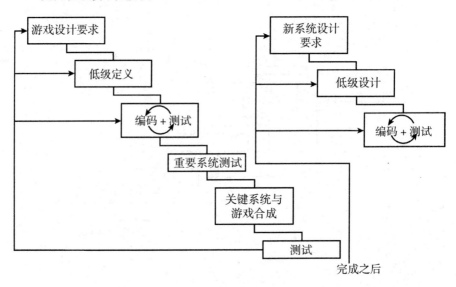

图1.4

敏捷项目管理

在 *Agile Project Management* 一书中，作者吉姆·海史密斯阐述了一种非常好用的方法——将迭代交付模式和一些关键原则结合起来。我将把海史密斯的理论主旨告诉大家，因为敏捷项目管理的一些理论将贯穿本书。

敏捷项目管理——其中所介绍的软件开发的过程主要包括以

下阶段：

* 构想
* 推测
* 探索
* 适应
* 确定

提示

每个步骤的名称参照了该步骤的实际工作和工作目的，海史密斯没有使用如初始计划、监制一类的词语，是出于避免由于具体项目不同而产生的歧义。

构想

在构想阶段，游戏设计者提出关于游戏大致的设计构想。另外还需要考虑游戏项目范围、游戏团体报告、游戏热销点的确定以及讨论游戏可玩性。总结起来，这个阶段就是回答"你将要做一个什么游戏？游戏受众群是谁？谁来负责制作游戏？"至此之时也是制作人与设计人员一同奋斗的起点，团队成员构想之后工作的阶段。

推测

"推测"兴许会唤起一些鲁莽的行为。这个词似乎是精确地描述了制作人、设计者、美工人员以及程序制作人员在项目开头时的情况。制作人需要清醒地认识到，在计划开始制定的阶段，正是在诸多未知数中进行的。当不确定因素无法消除的时候，制作人就要重新制定计划。这个词也准确地揭示了游戏产业的现实状况以及变化莫测的游戏市场。

推测阶段包括确立游戏高级需求（high – level requirement），概述了完成游戏所需的条件，建立开发计划（包括资源分配进度表）、功能清单、风险管理计划以及预算。

探索

探索阶段在敏捷项目管理中指寻找传达功能的阶段。向设计人员传达功能信息是该阶段的首个任务。在此进程中要运用时间管理、资源分配、风险管理等方法。然后，在开发团队里制定一些基本纪律，这样制作人就不用天天花费心思来处理谁该做哪一类的问题了。制作人在这个阶段只需起到推动的作用。在探索阶段的最后，制作人需要组织团队之间各个部门的互动，以便之后的工作顺利进行。

适应

适应阶段是指，在此阶段为了确保项目按计划进行而做的一些必要的修正和更改。"适应"也可以理解为在项目进行的中途进行的总结（事实上适当的根据实际情况进行修正要比盲目的按照原有计划进行要好的多）。针对构想阶段进行的适应工作亦可以丰富团队的经验，获取信息。

在此阶段，全部的开发信息是公开的，包括技术方面和设计方面的信息都是可见的。制作人要分析项目开发情况，并将目前的开发进展严格与出版计划相呼应。分析的重点应落在预算与支出以及游戏功能方面。分析结果可供复审、计划修改使用。

确定

确定阶段是开发的最后阶段，此时项目已经完成，所有必要文件均已完成，团队和制作人也从该项目中吸取了许多经验和教训。通常对于开发团队来说，项目虽然完成，但是并不意味着一切都结束了，而是有更多的地方需要改进、总结和更新。但是无论怎样，完成项目就是值得庆祝的。

计划与进度制定

现在你已经对游戏的开发过程有了大体的了解，我们下面来讨论计划与进度的制定。大体上有两种制定进度的方法：

* TOP – DOWN
* BOTTOM – UP

TOP – DOWN 方法

TOP – DOWN 方法是由某个个人或者小型团队最开始使用的方法。此方法仅能展现一个项目计划的雏形。不幸的是，用这个方法制定的项目进度计划无法将后期加入团队的成员以及其所担任的工作表示在内，所以 TOP – DOWN 方法至多只能当成项目目标或者执行框架。往好了说是种对于项目进行的猜测，往坏了说就是完全错误的方法。但是这种方法可以让你了解到，你要做的这个项目的范围及复杂程度。在运用 TOP – DOWN 计划时要非常小心。

BOTTOM – UP 方法

当使用该方法时，制作人要把团队成员的任务安排好，就某个问题要与大家达成共识。确定所有艺术素材、游戏功能以及其他项目所需的内容。要完成这个目标，需要在若干前期制作计划已经出台的前提下方可实现（关于前期制作的问题我们会在之后讨论）。

在使用 BOTTOM – UP 方法时，首先要制定短期计划，或者说是具体计划，并把这些短期计划写入进度表。然后和团队各部门工作人员共同逐个检查短期计划所涉及的内容，比如美术素材清单和功能清单等。通过这个过程把大家的力量凝聚到一起，其他工作人员也盼望着能够表达他们的意见。给每个工作人员阐述个人建议的机会，把大家的意见汇总，然后编入进度表。这样一来就不会出现当问题找上门时，某个工作人员对你说："我跟你说过会出现这种情况。"

提示

计划的优劣受控于游戏的设计方案，如果你的设计方案不好，那么一定要谨慎制定计划。

游戏制作人该做些什么

进度限制的两种模式

当你在为你的游戏项目选择进度制定模式的时候，你有两个方案可以选择：

* 时间限制模式
* 资源限制模式

这两种模式都可以将团队各个部门的分支计划进行汇总，当你制定进度时最好综合运用这两个模式。

让每个部门的负责人来制定该部门的工作目标。首席程序员来制定程序方面的计划，首席设计师来负责游戏设计方面的计划等，然后制作人将这些各部门的短期计划汇总到一起。

时间限制模式

复查时间限制进度表是制定合理的制作计划的第一步。当使用时间限制模式制定计划时，不要考虑资源的问题，只考虑从时间角度出发，计划该如何制定。确定任务、功能、负责人，当然还有每一项任务的从属关系。估算每项任务所需要的时间，然后将所有任务按合理的顺序连成一体。确定任务的从属关系，确保高风险和基础性的任务排在前面。这样做的目的是，确定项目的规模，看看是否符合制作人的意图。

资源限制模式

在做完时间限制计划后，把时间限制计划转化为资源限制计划。要注意你拥有的资源能否支持项目的实施。确定什么时间、什么地点所拥有的资源能将任务完成。要时刻牢记，现在是"推测"阶段。筛选出没有资源支持的但却很重要的任务，这可能意味着你要另外聘用人员来完成它。明确地规划好工作日和休息日，还要为一些特殊的事件留有应急的时间余地，比如人员病假、会议、任务超时等。

制定进度表的难点在于你要为一些突发事件留出时间余地。使整个时间安排趋向于灵活，并且将这些应急时间平均地分散于整个计划中。然后想办法将制作计划分解成若干部分，叫做里程碑。这样有助于跟紧项目进程，使开发过程量化，易于管理。

提示

要知道在开发过程中，制作人可能会多次修改限制模式计划。还要认识到制作计划是由多个短期计划组合而成的，因此在分解计划的时候应注意分解的计划要易于管理，易于审查。

当你把时间限制模式转换成资源限制模式时，你会发现可能由于资源问题或者时间问题，原有的设计方案是行不通的。这时就要适当地删减功能或者提高效率，以确保项目的顺利进行。

"关键路径"计划方法

关键路径计划由从头到尾的项目进程组成，如图 1.5 所示。它无法提供针对突发事件的缓冲余地。如果你想缩短项目运行时间，仔细查看关键路径，寻找可以删减的部分。通常情况下，关键路径只包含有大约少于 25% 的任务，且这些任务是按照一定顺序排列的。

关键路径所表示的是游戏开发最简洁的过程。它的重点在于突出表示出各个任务的先后顺序。

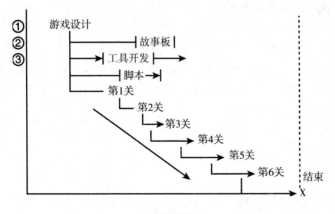

图 1.5

意外事件计划

哪怕是最好的计划也有漏洞，所谓百密一疏，那么就要给计划增添规避意外事件的能力。以下有几个制定意外事件计划时应考虑的要素：

为加班做计划

游戏开发是基于游戏产业的一项事业，产业的特点就是需要大量的工作时间。而对于制作人和出版方来说没有经济上的消耗，因为业内的人士大多属于专业人士，他们不会计较加班费的问题。

雇佣额外的人员

当雇佣额外人员时一定要注意，将雇佣的情况记入进度表。雇佣额外人员看似是个小事，其实不然。首先雇佣额外人员来工作就需要额外的管理。其次，新来的人员需要一段时间来熟悉工作。在熟悉工作期间，新人的效率往往低于老成员，这就导致任务拖延，与进度表不符。最后，雇佣额外人员必然导致额外的开支，不光是薪水，还有设备的开销。

假期工作

尽管有许多游戏开发公司会利用假期作为应急时间，但是我并不赞成这种做法。必要的休息时间对于员工是很重要的，因为他们在紧张的工作后需要休息。我建议在工作紧张时期根据项目进展制定休息时间，说服员工接受你的休息时间。确保工作时间和休息时间与项目的平衡，这并不难，只需要与大家商量即可。

运用公式

我会在稍后讲解。

不要给部门负责人制定进度计划

不要太多的限制部门负责人，允许他们自行管理，给他们可支配的时间进行工作。这样做可以确保各个部门有足够的自由来从事本职工作。但是由于部门负责人身负许多只能由他们来完成的任务，因而实际上不太好实施。这就意味着制作人需要与部门负责人有机地配合起来，让他们的直接工作最少、间接工作多做。尽量限制部门负责人亲自工作的任务记入关键路径，这就确保了计划的灵活性。

提示

为什么我不赞成由制作人强制为各部门负责人制定进度死规定呢？首要的原因就是，之所以某个人能成为部门负责人，是因为他（她）在这方面做得很出色。那么与其让他（她）人按照你的进度来工作，还不如让他（她）充分发挥其才能，这样会更加灵活地完成工作。

为每项任务留有测试时间

制作人应该为每个程序人员、设计人员、美工人员计划出日常测试的时间。与其在完成所有任务之后发现错误并修改，还不如在每项任务完成时马上进行测试。我通常会安排一个员工在进入主素材库前反复测试工作人员的素材，确保顺利。

建立意外事件基金

制作人应该建立意外事件基金，用以应对项目中会遇到的意外事件，包括项目超时和超过预算。要知道当别人问你："你拿什么支付的额外开销？"你回答说："当然是从我的意外事件基金中支付的。"这感觉是很棒的。我通常会在做预算时将意外事件基金算在内。

用公式来计算进度

当制作人制定进度计划时，最先触及的问题肯定是多长时间能完成游戏。这个答案往往难以回答。这时就需要公式来计算时间了。这个公式也可以用在其他行业上，经过我的修改之后，这个公式可以称为"最灵活的项目计划公式"。

任务名称：	Direct X 兼容性和渲染
最快完成时间：	10 天
最迟完成时间：	25 天
预计完成时间：	15 天
公式：	2 倍的最快完成时间 + 3 倍的最迟完成时间 + 预计完成时间 = X ÷ 6
结果：	$2 \times 10 + 3 \times 25 + 15 = 110 \div 6 = 18.33$ 天
实际操作：	将 18.33 相对预计完成时间多出的 3.33 天作为应急时间

尽管这个公式并非无懈可击，但是至少可以快速估算出项目所用的时间。好在制作人可以参考任务列表，获取相对准确的数据。你也可以根据具体情况更改公式。比如某个工作人员只能利用工作日一半的时间来工作，那么根据这个情况就可以把公式结果修改为 $18.33 \times 2 = 36.66$ 天。

软件工厂式高效运作

软件工厂指一个可以如同工厂一样运作的方式，并且可以根据项目的具体情况具体实施。软件工厂是基于对项目的深入了解而建立的。这种运作方式需要时时更新数据，保留独立的组成部分。

提示

软件工厂这个概念在本节中只作简要说明，便于你理解。我们会在第十一章作详细介绍。

以下是使用软件工厂的优势所在：

* 如果团队成员已经掌握了一些所需的工具，那么平均开发周期就能够缩短。
* 由于开发团队已经对不同平台的情况有了一定了解，所以跨平台发售就不是难事了。
* 使用经过测试的工具进行源码写入使源码更为稳定。

* 软件工厂能够推广核心系统的相关信息，当某个相关的工作人员因故离开时，不会导致项目暂停，其他成员可以从软件工厂获取信息继续工作。
* 对于制作人来说，使用软件工厂是十分简便的。因为这套方法可以直接从相类似的开发项目中直接套用。

另外，使用软件工厂方法同样有一些缺点不得不提：

* 首先，建立一个软件供应机制，所消耗的时间和金钱跟整个项目所消耗的时间金钱差不多。特别是第一次建立软件工厂时更是需要耗费大量时间。必须要为每个游戏平台开发 Wrapper libraries，使其对于多种平台具有兼容性。
* 尽管在软件工厂环境下源码是比较通用的，但是开发和统计所有的潜在用途是有一定难度的。况且在初始阶段开发源码也是需要一段时间的。
* 如果增加团队成员，他们需要一段学习时间来熟悉使用软件工厂，因为使用软件工厂需要一定的专业知识。
* 总而言之，在建立软件工厂时一定要有明确的管理和深远的前瞻性。

游戏开发的各个时期

现在我们来看看开发一个游戏所需要经历的各个阶段。虽然每个制作人都有他特有的习惯，下面列出的是普遍应用的典型范例。

概念阶段

概念阶段就是游戏概念的确定阶段。

游戏原型开发阶段

在此阶段中需要制作游戏的原型，用来体验游戏的设计概念。原型开发阶段通常需要用2~4个月，具体时间需要根据工具的具体情况。

推广阶段

推广阶段可供游戏开发方向出版方推广产品。在这个阶段里向投资方展示游戏的设计概念、主要卖点、产品如何适应市场需求、产品开发的可行性以及开发方案等。

绿灯阶段

在推广阶段过后，组织开发团队进行游戏的制作。这一阶段包括招聘工作人员、与游戏开发公司协商，选择合适的制作开发团队。通常在项目所涉及的商务及各项法律合同方面的问题尚未解决前，是不能进入前期制作阶段的。比如游戏的技术专利和剧本的版权问题等等。

前期制作阶段

前期阶段可以理解为准备阶段，游戏开发团队制定制作大致方案，确定游戏制作所需的各种工具，研究确定游戏设计的细节问题。

制作阶段

制作阶段是游戏制作的主体阶段。完成 3D 模型的制作，场景制作，音效录制，渲染准备完毕，完成过场动画，游戏所有的部分在此阶段组合在一起。这个阶段通常需要 12 个月或更久。

质量保证阶段

质量保证或者测试阶段通常在游戏开发的最后阶段进行。大约在游戏产品投入生产前的 3～4 个月时进行。这个阶段的工作主要是测试修改各种 bug、错误等。

母盘生成时期

这个时期是指当母盘制作完毕准备送交生产厂家生产的阶

段，也是将母盘送交游戏平台厂商测试的阶段。每个平台厂商的测试标准不尽相同，所开发的游戏需要达到他们的测试标准。

这个时期中也需要不断地测试改进游戏，修复 bug，准备市场投放。

结束语

现在你已经对制作人的工作有了一定了解，在下一章中你会了解到各种不同的制作人角色。

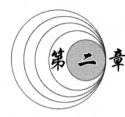 **第二章 制作人的工作描述和资格条件**

　　本章我们讨论制作人在这项事业中的不同角色。制作人可以作为出版人或者独立游戏开发人的形式工作。他（她）可以与内部或外包的开发团队一同工作。制作人的角色是多种多样的，本章我们会为你一一描述。但是我们所说的角色并非绝对，因为每个公司的具体操作情况不同，标准不同，条件不同。比如 EA、微软或动视的制作管理机制就不同。在 EA 工作的制作人，在工作侧重点上比动视或微软更倾向于设计，而微软的程序管理人员比 EA 的更具专业性。

　　在了解各种制作人角色的同时，你要认识到，制作人是有他的专业性的，如同程序人员总是关注图形或运行方面的问题，美工人员关注渲染一样，制作人也有他所关注的方面。创造性的制作人和第三方制作人的工作是完全不同的。尽管在角色方面有相同点，但是从能力和条件上看是不同的。你要根据自己的情况、能力来选择你的工作侧重点。

制作人种类：制作助理

制作助理可谓是最具挑战性的职务，首先我们来看看制作助理在不同公司的普遍标准。

提示

本节讨论的是助理制作人这一角色。制作助理（assistant producer）和助理制作人（associate producer）之间没有明确的区别，从工作角度讲，助理制作人可以独立管理一个或多个SKU，但是通常助理制作人不会负责整个项目。

制作助理与出版方

制作助理作为出版方的工作领域可以非常广，其跨度可跨越公司、项目以及不同创作团队。他们为谁工作则是制作助理主要考虑的问题。通常，工作负责人的不同决定了工作责任以及工作任务的不同，他们之间有很大区别。制作助理的首要任务就是要在制作人面前树立信心。

出版方制作助理主要包括以下两种形式：

* 内部游戏开发，与内部游戏开发团队合作
* 外部游戏卡发，包括第三方软件产品开发，重点关注游戏设计和设计方案的审查以及质保

内部游戏开发：与内部游戏开发团队合作

制作助理在游戏开发过程中每天都与团队一起工作，其性质有点像助理制作人在独立开发小组的工作性质。制作助理辅助制作人制定工作目标和工作方案。另外，制作助理还负责最终游戏设计的交付，负责额外项目，如音效生成或者动态捕捉数据的交付。出色的制作助理对游戏概念和项目目标有高度的认识。如果能够具备比较丰富的工作经验，特别是参与平台产品的开发的话，其身价会有很大提高。

可以从质保部门中选拔制作助理，如果制作助理做过比较完整的项目——从概念阶段到商业发行，那么这个制作人是很有价值的。

外部游戏开发：与第三方产品开发部门合作

第三方产品开发的制作助理工作种类繁多，主要取决于产品的类型、制作人的意图、公司的计划。第三方软件产品开发的工作重点在于与个体公司的业务关系，因此，第三方制作助理必须要具备专业性、责任感，还要在与外部各个公司协商时有充分的准备。

提示

第三方产品开发是与外部独立游戏开发团队或公司的合作阶段。这些公司通常与硬件生产商没有直接关系。

制作助理的要求和条件

制作助理负责日常的项目管理，质量保证和其他娱乐业务（在线游戏部分）。包括部署项目开发工作、游戏的制作、游戏设计等。明确强调管理方向，使管理路线贯彻整个游戏项目。对于游戏项目要充满热情，尽职尽责的完成工作计划，特别是质量保证阶段，包括建立质保部门、管理时间与资源的预算计划。

除此之外，制作助理还负责游戏的其他语种版本的制作进度和其他平台版本的进度。这就需要与开发人员、版权人及相关部门特别是市场部门紧密配合。

设计文档的检查工作同样由制作助理负责，仔细严格地审查关键设计部分。总之，制作助理要协助制作人的日常工作。

作为制作助理需要具备以下条件：

* 具备一到两年的游戏产业工作经验或者受过专业的培训。
* 两年的首席检测员工作经验，有质保工作经验。
* 如具备超凡的工作热情和丰富的业内知识者优先考虑。
* 对产品类型熟悉。
* 有时需要出差。
* 具备游戏技术方面的专业知识。这项工作需要极强的时间管理能力，通过严格按照进度计划管理每个分支项目所用

的时间，从而使整个项目所需的时间得到严密妥善的管理。

这项工作需要极强的时间管理能力，通过严格按照进度计划管理每个分支项目所用的时间，从而使整个项目所需的时间得到严密妥善的管理。

出色的口才也是制作助理的必备素质，还要有出色的问题定位能力、解决能力。有较强的时间组织能力，因为进度制定需要时间组织能力。另外最关键的是，要能够和质保部门默契配合做好质保反馈工作。

开发方面的制作助理

本节我们讨论作为开发人员，一名制作助理的工作性质。同样，在这个范畴中制作助理也是协助制作人的工作，另外其工作的重点是抓好项目进行的细节问题。

制作助理需要跟踪管理开发团队每个成员的工作进度，特别是游戏设计人员，确保游戏功能按设计计划生成，严格管理游戏测试和审查以及里程碑标准。

工作要求

以下是一些制作助理的工作要求：

保持项目进度

制作助理负责保持维护项目进度表的顺利进行。要了解每个团队成员的工作状况、游戏开发制作的每个步骤进行情况，如果进度落后，制作助理是第一责任人。

管理项目开发文件

制作助理负责管理大部分游戏项目开发文件。包括制作文件、素材清单、功能清单等等。要与游戏设计部门密切配合，保证产品的开发严格按照设计方案进行。

会议记录

制作助理负责会议记录工作。

与质保部门密切配合

与质保部门密切配合，在需要时给予质保部门工作意见。制定 bug 清单，跟踪管理所有已修复或这未修复的 bug，保证产品在市场发售前尽可能确定所有 bug，保证游戏质量。

交流

制作助理需要有出色的交流能力，对游戏有深入的了解，这样制作助理在做外联工作时才会得心应手。制作助理主要负责游戏迷网站的宣传，适时传递游戏发售信息。

协助制作人工作

最后，制作助理要协助制作人的每日工作。

其他职责

这里所讲述的其他职责工作对于开发方面的制作助理来说，可能不会像上述工作那么频繁，但这并不代表它不重要。

作为制作助理，还需要通过严格管理游戏关键部分的设计及各部分整合，从而使游戏内容和娱乐因素得到如期体现。

另一项比较重要的工作就是，整理编译游戏开发中的文件信息以及所有递交给出版方的回归测试清单。这些文件信息要注明修改或添加的部分。

再有一项任务就是，维系及推动在线游戏爱好者的团体活动，及时更新游戏新产品的网络信息。在产品与游戏爱好者之间，制作助理是个相当关键的人物。通过与游戏爱好者的毒动交流能够获悉游戏爱好者对于产品的意见与建议。摸清他们的需求趋向，从而为之后的产品做好准备，同时也积累了丰富的经验。

同时，制作助理还需要协助出版方及其质保团队进行测试版测试，包括 E-mail 更新以及对参与测试的玩家进行信息反馈等。

十大制作助理工作法则

来自Relic Entertainment 的杰夫·托马斯的建议

制作助理会涉及到游戏开发过程的方方面面。在一天的工作中，制作助理可能会参加设计会议，可能会提出美术方面的建议等等，他要负责多方面的工作。

如何成为成功的制作助理，看看下面十个法则：

1. 了解你的游戏。不用说这是制作助理必须做到的。

制作助理的工作范围十分广泛，这就需要制作助理对游戏有着充分的了解。了解的越多越深刻，工作做起来就越轻松，效果就越好。

2. 了解你所工作的产业。知道你的工作室的情况或者你的产品的情况是远远不够的，要了解整个产业的形势、趋势以及竞争对手的情况。

3. 具备导向性。不要过多干涉团队成员的具体工作，抓好导向工作，这并不意味着工作量的减轻，这意味着工作难度的增加。

4. 要主动出击。要随时准备着向团队成员提供意见，作出工作决策，别等问题来了再考虑，要事先做到有所准备。

5. 保持高昂的斗志。对于制作助理来说，高昂的斗志是极其重要的。因为你需要凭借高昂的斗志激励整个团队，需要感染出版方。

6. 要起到促进作用。制作助理的工作核心是协助，这意味着你并非只协助制作人的工作，而是协助所有项目各部门负责人的工作。

7. 不要停止学习。学习是积累经验的方式，如果你不断地从工作中学习知识，你会很快成为优秀的制作人。因为你收获的越多，那么你就从制作人的肩膀上分担更多的重量。

8. 注意细节。往往细节决定成败，小问题会演变为大麻烦。

9. 要注意关键问题。抓住问题的关键部分。

10. 多问。如果遇到不明白的问题不要迫于脸面不去提问，问得越多收获的越多。

制作人的不同角色

主要有两种类型的制作人。开发方制作人和出版方制作人。

开发方制作人和开发团队一起工作，负责管理开发方面的事务。出版方制作人负责第三方产品的开发，也称外包开发，以及向媒体或有关公司企业推广产品。

如前面所述，制作人大体上主要负责按进度交付游戏产品，这个在几乎所有的游戏公司都使用。而在具体工作上，不同制作人的工作是有区别的。资历比较深的制作人能够全方位的控制管理项目进程，并且能够全权负责产品的各个细节。

出版方制作人

本节将简要介绍出版方制作人的工作特点。这里的介绍只是普遍情况，因每个公司的实际情况不同，其工作的范畴可能有相应的区别。总之制作人要尽可能地完成项目。

和制作助理一样，出版方制作人也可以区分为内部开发和外包开发两种。内部开发就是由内部开发团队进行开发，外包开发则是由外包的团队进行开发。

首先我们先讨论内部开发。在这种情况下，制作人的工作性质有些倾向于开发人员，并且还要负责游戏开发每个方面的工作。要确保游戏项目按时、按预算完成，同时还要符合行业标准。

内部开发型：制作人工作描述

内部开发制作人要负责游戏开发过程的每个方面的问题，要确保项目按时按预算完成，同时着力掌控整个过程，使其能够达到行业标准。

制作人有项目决策权，在就某个问题开发团队内部意见不统一的时候，需要制作人来协调解决，最后决策。

提示

制作人可以直接向执行制作人反馈工作，执行制作人负责整个公司品牌旗下所有游戏项目的进行。制作人管理制作助理和制作团队内各个部门的负责人。

首要职责

受理每日的工作报告，一般要用掉工作时间的 20%。和制作助理密切配合，确保项目进度表每周更新。

提示

当与制作助理一同工作时，制作人需要了解制作助理的工作目标，然后就每个目标进行研讨。聘请的制作助理要在解决问题的方式上与你有区别，这样可以扩充你的问题处理能力。

估算资源是否能够有效地分配，即便是制作助理主要负责的进度表，制作人也要过问，严格管理。同时制作人需要了解每个进度表的改动以及这些改动会对项目有什么影响。制作人的首要职责就是确保进度表的每周更新以及将进度情况直接向执行管理人员汇报。

制作人有权决定谁做哪项工作，资源分配也是制作人工作中比较重要的部分。

制作人要把握项目进行的大方向，要向团队成员灌输项目发展方向的指导思想。如果开发人员在项目的发展方向上有分歧，则会导致更多的问题，比如设计人员的设计思路不符合监制人员的思路，游戏就会出现设计问题。

通常游戏的声音部分是由外包的人员来做的。比如配音演员、动画制作工作室等等，制作人要负责管理这些外包人员的工作。还要负责解决各种外包方面的分歧，控制外包工作的质量使其能够达到项目所要求的标准。

制作人要负责推进与各个部门的交流，问题的决策。随时更新问题的处理情况，掌控未经处理的问题也同样可以增加执行管理人员的信心。

对于潜在的问题制作人需要及时地发现，并予以解决。尽一切可能顾及每个方面的问题，这样才不至于让问题出现时吓你一跳，至少要事先预留应急措施，避免问题出现时造成巨大损失。这就意味着你要做最坏的打算，但是也要做最佳的打算，从而激励团队努力工作。

最后，要确保团队可以使用到完善的设备。

次要职责

其实对于制作人来说没有次要职责，因为所有的工作都是非常重要的，任何一个环节出现问题都可能导致项目失败。制作人要与营销开发团队密切配合来开发新的项目，通过项目所积累的经验要和大家分享，无论是成功的经验还是失败的经验都让大家了解，从而提升整个团队的素质。

不仅仅要学习自己所做的项目，别的团队的经验也是很有价值的。和其他项目的制作人交流心得，也是提高自身的过程。

制作人与设计人员

作为制作人，有一项工作是不可避免的，那就是帮助设计人员解决设计分歧。当设计人员所设计的某项功能从技术角度来说是无法完成的或者不符合标准时，就会产生分歧。这时就需要制作人对于目前所开发的游戏有一定的了解才能解决分歧，处理好各项事务。有时，制作人需要身兼两职，即制作人和设计师。有的公司，如 EA 就有过这种情况，制作人兼设计师也做出过许多优秀的作品，但是游戏设计是一项专业性很强的工作，所以我们不赞成制作人身兼数职。游戏的设计工作还是要由专业的设计人员来完成。

就目前的趋势来说，制作人就是制作人，而不是设计人员。从工作职务上分清二者，有助于使人才优势得到充分发挥。

其他职责

这里有些制作人额外的职责：

* 与团队各个部门的负责人一同谈论并确定每月的里程碑。用来保证项目按计划进行。时常审阅比对里程碑可以辅助管理哪些项目需要增加，哪些需要取消。
* 确保各个部门的负责人能够按计划完成具体的任务。
* 保持更新状态，随时更新进度表可以确保产品的成功发

售。与各个部门的负责人及制作助理密切配合，随时更新进度，从而可以反映已经完成的和有待完成的工作。

* 开发团队工作使用的新型工具可以提高团队工作效率。高效的制作人会研发出高效使用工具的方法，甚至能够找到更高效的工具供团队使用。比如签购新的美工工具能够帮助提高渲染、贴图的工作效率，从而使整个项目提前完成。

* 定期审查团队工作情况并且及时给予反馈。

* 管理外包部分，如设备生产商（OEM）以及媒体等。确保所开发的游戏能够获得硬件支持。

* 促进市场部门和质保部门的交流。在游戏开发的最后阶段，这项工作是非常重要的。明确的交流是产品成功的必要条件。制作人必须要有严谨的逻辑性和清晰的思维来进行各种交流。

* 有超前的 bug 管理能力。通过与质保部门的共同努力，对于 bug 要有前瞻性。尽管制作人无法每天都与质保部门一同进行问题的研究，至少制作人要负责寻找合适的方法以供质保人员使用，跟踪、解决 bug。

* 每周向执行管理人员汇报工作。即使在工作强度很大的情况下，也要坚持完成汇报工作。

* 把正在处理的和有待处理的问题完整的向执行管理人员进行汇报。

外部开发型：制作人工作描述

当你担任第三方产品开发制作人的时候，你的工作主要是管理出版方与开发人员之间的关系。同时需要管理各种开发合同方面的事务。这些工作看似轻松，但实际上很重要，完全能够对游戏项目产生巨大的影响。

制作人对项目所涉及的内部和外部的一切工作负首要责任。主要包括预算、进度制定、人员安排、资源分配以及跟踪管理项目进展。确保项目按计划时间完成，并将完成情况向出版方面汇报，同时也要向出版方相关的部门比如市场营销部门、销售部门和质保部门汇报。

制作人还要负责项目相关人员有明确的工作指示。

总体职责

内部开发型和外包开发方制作人都面临着相类似的挑战，以下是有关建议和方案：

* 每日更新进度表和预算计划。从开发人员那里可以获取项目信息，外包开发制作人可以从中预测风险。
* 每日多次利用电话或者电子邮件形式与出版方进行联系沟通。
* 与品牌经理密切配合，确保产品的重要信息和游戏特征能够得到贯彻，同时管理预算报告。
* 外包开发制作人需要评估项目进行中的障碍，并且处理相关的问题。

普遍标准

尽管相关的学历是很重要的，但是这并不意味着没有这方面的学历就不能成为出色的制作人。

作为制作人你应该至少做过两个 PC 游戏或者其他平台的游戏。你要有至少两年的行业工作经验。以下是一些制作人应该掌握的能力和知识：

* 出色的交流能力。
* 掌握 PC 硬件、运行系统、标准 APIs、PS2、Xbox 等平台的相关知识，以及开发工具的使用、游戏平台制造过程的相关知识。
* 对娱乐媒体、电影、游戏产业有较深刻的理解，特别是对几何构图、设计、程序、音效及视效、质保和产品地位等领域的深入了解。
* 具备标准项目的会计知识，包括预算、盈亏平衡分析和预估报表财政分析等相关知识。
* 具备 AAA 级项目经验。
* 对玩游戏有极大的热情。
* 有独到的解决问题的能力。
* 对产品有足够的信心。
* 较强的组织能力以及对细节的处理能力。

上面的描述应该会消除对游戏开发方或出版方的制作人的一

些误解。问题的关键是，如果你不热爱你的工作，你就不能成为一位优秀的制作人。现在，让我们看看生产管理中的高级角色是如何做的。

由 EA 的成功谈到工作角色的确定

鲁斯提·吕夫访谈录

鲁斯提·吕夫，EA 公司人力资源部副部长，下面是鲁斯提·吕夫就制作人的各种工作角色问题的一些观点及看法。

问：在工作职能方面，制作助理和助理制作人有什么区别？在 EA 公司这些区别是如何体现的？

答：制作助理有比较明确的工作范围。比如，向市场营销部门的工作人员提供游戏截屏以供网络宣传，或者在制作体育类游戏的时候负责管理与运动员签署的合同等。

而助理制作人的工作范围则更大一些。比如，他们可能会负责游戏关卡的一些细节工作。助理制作人手下可能会有一个或多个制作助理辅助其工作。

问：在 EA 公司里有没有能够衡量制作人工作能力并在相应的工作领域中确保制作人的工作能够达到标准的标杆机制？假如制作人的工作未能达到标准，是否有什么方法可以帮助他们？

答：我们会为每一名制作人制定工作目标，制作人也会定时汇报他们的工作进程，以供上层管理人员将实际工作情况与事先制定的目标进行比对。

从制作过程角度来讲，制作人交付的部分（如游戏设计文档、关卡地图等）在整个项目进度管理中是受到严格跟踪管理的，这是另一种进程跟踪方法。

从总体角度来讲，我们的助理制作人、制作助理及制作人分别设定了阶段性的工作进程标准，这些细节化的标准能够帮助他们将实际进度与标准时刻比对。

问：制作人和执行制作人在工作职能上有什么区别？EA 是否为执行制作人制定了一些工作准则？

答：制作人负责游戏的制作，与市场及销售部门联系沟通以及与开发人员协作。通常负责执行一个 SKU 或者负责统筹开发一个已经确定平台的游戏产品。执行制作人是整个产品的负责人，他们肩负着从游戏概念到设计，再到开发的全部管理工作。另外，他们还负责所有产品的特许经销权及各项授权的发放购买工作。比如，赛车类或体育类游戏的车辆及体育明星的授权等事务。

执行制作人必须要了解产品的受众群的情况以及目标市场的具体情况。同时也要了解参与项目进程的工作人员的情况，以便能够使人才有的放矢地发挥才能。

问：在与执行制作人合作进行工作时，有什么方法能让制作获得更大的成功？

答：在任何产品开发组织中，制作人必须对于资源分配有正确的决策；而执行制作人成功的关键在于要具备使游戏概念得到推广、认可的能力，要能发掘游戏产品的市场潜力。这就需要每个制作人共同努力来完成执行制作人的工作目标。所以，制作人通常需要几周时间来为此进行准备。

制作人角色：执行制作人

执行制作人是项目的综合管理人员，通常指总监、高级管理人员。本书中我会详细地介绍执行制作人的工作性质，向你介绍在游戏产业的领军企业中执行制作人的工作情况。

执行制作人需要来经营管理整个品牌。也就是说，执行制作人管理的是整个品牌的营销利亏。他的工作侧重点是以财政为主，其须要考虑的是如何投资可以获取最大的收益。

怎样才能成为合格的执行制作人

作为执行制作人，须要兼顾生意方面的事务和为娱乐软件创造新的元素。

执行制作人须要提供创意来引导品牌走向成功。同时整合管理第三方开发的项目，引领品牌投入国际市场。强大的表现能力，对于娱乐业和媒体产业内工作的人士来说是十分重要的。他们须要具备极深厚的产业相关知识和工作经验，有极强的判断能力，能够洞察产品的潜在价值和对市场的潜在影响力。对于已经选择的产品具有充足的信心。

执行制作人须要对品牌所传递的信息有清晰的理解，并且将品牌信息清晰地传递给每个工作人员。以下是执行制作人应当具备的条件：

* 强大的领导能力，独立解决问题的能力。
* 强大的产品开发能力，知道怎么才能把游戏做得好玩。
* 对市场的判断能力。
* 有较强的抗挫折能力，并且能够通过失败总结经验教训。
* 对员工的信任，对自己的信心。

通常情况下，执行制作人需要听取多种渠道的工作报告，而其具体形式根据每个公司的具体情况而定，报告工作的形式是非常灵活的。

执行制作人兼开发人员

总的来说，执行制作人兼开发人员要负责多个项目的开发，要管理多个团队的工作。因此，执行制作人兼开发人员既要关注整个公司的运行，又要关注单个开发工作的进行，同时还要肩负项目目标的完成工作。

在与出版方的关系上，执行制作人比制作人要高一个层面。在与出版方合作时，执行制作人要有长远的眼光，适时捕捉下一个项目的开发契机。

其他制作人角色

在软件公司中还有其他的制作人角色，本节向你介绍其他制作人的工作、所需的专业知识等。

产品规划主管

这个角色来自微软公司，是从其他产品部门调到游戏部门的。

工作描述

产品规划主管的职责在于为一个游戏或者一个品牌，甚至是周边的产品去建立和确定它的将来。他应该兼具发行方与硬件制作商的职责于一身，是企业里最充满挑战性的职位之一。

产品规划主管会规划多个视频游戏产品的各种组合，甚至会对各种周边产品进行规划，例如手柄、远程控制单元、耳机，乃至将来可能衍生的产品。他的职责类似于执行制作人，但较少涉及直接的产品开发。

首要职责

产品规划主管的职责主要在于构思和发展产品创意，然后把这些想法带到产品开发、市场、销售和商务发展团队中确立它的灵活性和长久性。随后产品规划主管会与开发团队着手调研和市场分析，收集受众群的相关资料。

在产品的开发阶段过程中，产品规划主管会关注功能、计划和权衡功能取舍上的决策。例如他要权衡是否加入更多的功能，这样可能会使产品的发布延期几个月乃至几年。通过每个阶段的开发来管理产品，不断去平衡这些折中和取舍，这正是产品规划经理日常的事务，这和制作的职责是很相似的。这通常是靠统计、分析和传达各种客户反馈和市场调研来完成的。一旦完成这点后，产品规划经理会建立起对整个市场竞争情况的了解（例如功能对比清单、竞争产品的预计发布日期以及测试得到的早期反馈），然后分析如何去实现一个成功的产品开发的规划，其中还包括投入的成本。

当开发规划制定以后，产品规划主管会鉴别计划中的各个关键点，并制定总体的开发预算，此时产品规划主管进一步建立起该产品的商业模型，找出从该产品中获得收益的新方法。产品规划划主管还必须要给出各种建议，影响开发流程和结构的改变，尤其是在有着很多变数的极度动荡的市场环境里更要做到这点。

团队合作是很关键的，产品规划主管必须要为公司多个工作方向制定计划，这意味着产品规划主管必须理解公司的各种目标，了解其他部门是如何承担这些目标的。这些具体的目标可能包括收入上的目标、市场份额目标或者技术部署（例如 Xbox Live）。所以产品规划经理必须协调各个部门的目标，包括项目管理、设计、开发、市场、商务发展和销售部门。

产品规划主管还须要进行各种调研从而有效地捕捉消费者的需求。这些调研得到的最终信息都要有效地传达到产品开发的各个团队里。

策略性的思考和批判性的分析对产品规划主管来说也是极为重要的。除此之外还包括出色的书面和口头沟通能力以及在多个项目中达成目标和交付结果的能力。

产品规划主管需要一定的行业从业经验。其资格要求一般包括至少4～6年的市场、产品规划、战略市场，或者商务发展经验。微软往往还要求文理学士学位，有时候甚至还包括 MBA 学位。

程序管理人员

微软通常还设有程序管理人员的职位，其工作重点一般倾向于技术方面。其主要负责功能的合成，对于预算的管理和进度的管理则少一些。简言之，程序管理人员就是要让游戏好玩。

程序管理人员为团队提供技术支持，如 DirectX、Xbox SDK 等。同时程序管理人员也是运行、市场和开发部门的重要连接点。

首要职责

首要职责之一就是作为游戏团队的发言人与其他部门进行联系，沟通工作信息。另外还需要吸收新媒体娱乐的元素，使自己的产品与目前新媒体娱乐同步前进。程序管理人员作为产品的负责人之一须要在工作中发挥领导能力，这就需要具备丰富的工作经验。

配合开发工作，重点管理项目技术方面的问题。把握项目方向，分析项目中哪些具有可行性，哪些不具有可行性。决策项目进展的顺序。

有些产品更具特定的技术性质，负责这类产品的主管人员要在产品开发的过程中更多关注技术方面的工作，或者可能会参与其他软件开发组织的独立项目（取决于软件开发的任务顺序等具体情况）。

从事这项工作需要至少 4 年以上程序管理经验。有完整的软件开发经验。有较强的语言交流能力和组织能力。对软件开发具有深入的了解。具有商业头脑，战略头脑和适应变化的能力。最后，程序管理人员还须要有对未知世界的探索能力和创造能力。

开发总监

本书中，我们所描述的开发总监这一职务是从 EA 公司发展来的。EA 公司孕育了无数优秀的产品，在同行业中可谓是标志企业。其他公司中也可能有开发总监这一职务，但是我们以 EA 为准。在其官方网站上对开发总监这一职务有这样的描述：

"他是制作人的搭档，在财政方面，开发总监所发挥的领导能力推动了整个项目的发展。开发总监不仅管理财务方面的问题，他所触及的领域更为复杂、全面。"

首要职责及条件

以下是 EA 发布的该职务的相关内容：
* 工作重点在于培训员工，训练员工以达到要求
* 具备较强的交流能力、理解能力，能够明确地洞悉某项目的实际意图
* 能够构建一个强大的团队
* 面对困境时可以针对困难培训相关人员从而解决问题
* 高瞻远瞩
* 能够很好地领导外包的团队进行工作
* 能够制定进度、项目范围及相应的工作进度，管理每日项目进度并且促进团队完成既定目标
* 能够将商业目标转化为行动

    ＊ 有较强的资源规划能力

    ＊ 能够使项目进展更具效率

    ＊ 较快适应项目中的任何变化

    ＊ 准确地评估风险，并与里程碑保持一致

    ＊ 能够合理地分配人力与项目任务

制作人的合作包括制作人要为产品建立并实现其创意构思，而开发主管在这个过程中充当的是检查和平衡的角色，因此他最重要的关注点在于对这些产品投入分配资源。这使得制作人把精力放在产品构思的完善上，资源分配等工作由开发主管来负责。

制作助理和实习人员

通常，制作人生涯开始于制作助理和工作实习。如果刚刚走出校门，或者想要获得一些上手经验，可以将制作助理和实习岗位作为出发点。虽然助理和实习工作人员的工作只是一些辅助性的杂活，跑腿或者作会议记录等等，但是通过这些看起来不太重要的工作对于认识制作人这一角色是很有帮助的。另外，当助理或者当实习生可以以最低的风险来体验制作人的工作，因为你不需要负什么责任。

优秀的助理及实习人员会带来很大的帮助

优秀的助理及实习人员能够为整个项目的进行带来很大的帮助。助理人员是协助制片人及团除外其他人员进行工作的，聪明能干的助理不需要其他人来指派工作，自己会适当地辅助他人工作。

制作团队的管理

现在我们来讨论如何管理团队，从而高效的运行项目计划。

选择能力强的人来为自己工作

总的来说，一个人的工作能力越强，完成工作的质量越高。

不要惧怕聘用能力强的人，因为能力强的人可以帮助你更好地完成工作，达成目标。

有时工作能力强的人社交能力往往不怎么太出色，而交流沟通的能力可以在后天培养出来。

尊重他人的意见

尊重他人的意见似乎很简单，但是在实际工作当中却很难做到，而且很容易被忽视。要学会去尊重他人的意见和工作成果，当工作任务清单制定好时要把任务分配到个人。

在工作中，要记住对团队成员的关心是很重要的。关心可以用很多种方式表达。在完成一项工作后得到短暂的关心往往是次要的。在游戏行业里最主要的关心是对员工的贡献给予赞赏和肯定。确保表现出你对团队的关心，这样他们才会回报你。让其他人有机会去表现自己。通过找出表现出色的人，你能让他们觉得自己是成功的。

为工作人员创造机会

遇到特殊工作难题时，尽量询问团队里的成员谁是做这方面的专家。举个例子，我曾经做过的一个项目中需要一个电影片段，而当时我的团队里就有一个曾经在好莱坞工作过的同事，于是我把这个任务交给他，并且给了他一个详细的、明确的工作任务清单和要求。他非常出色地完成了任务。

通常在遇到你自身无法解决的问题时，要敢于询问团队里的知情人士，这也为他们创造了工作的机会。

为什么说游戏制作人是个愉快的职务

可以这样说，游戏制作人是一种充实而美好的职业，以下是一些原因。

看到自己的作品完成

作为制作人最大的乐趣就是能够拿着自己制作的产品，心里想着：这是我亲手制作的。然后你会享受那种看着人们十分期待你的作品的感觉。把你的作品展示给他人也是个十分享受的过程。这是一种成就感，一种努力与付出得到回报的欣慰之情。有很多其他工作是无法给予你这种感觉的，因为大多数工作只是无限期的努力而看不到太多的成就。

影响他人

制作人有机会去影响他人，从自己团队的工作人员到其他部门的工作人员，从外包开发人员到出版人员。但是最重要的是制作人能够影响到买其所制作的游戏的广大消费者。你能够让消费者亲身体验你的创意理想，这是件多么愉快的事啊！

得到事件驱动的体验

游戏里有两类事件驱动（Event – Driven）体验是很值得制作人去做的。其一是故事情节，其二是游戏玩法。游戏玩法创作是制作人为玩家做出各种工具和环境，而玩家会通过在线多人游戏环境来做出各种事件，例如大部分的 RTS 游戏（比方《命令与征服》和《家园》）。另一类值得去做的事件驱动体验是塑造出视频游戏的事件。这个过程所产生的数不清的事件对制作人来说报酬太高了，包括挑选演员、拍摄、设计、整合技术、创作故事、创作动画、把游戏概念视觉化、创作游戏玩法原型、录制音乐、测试……再到看着游戏软件放到货架上。

实现电影和主题创作

视频游戏也是娱乐的一种形式，每一种产品都有着众多的电影和主题创作元素。制作人能塑造和实现其概念和表现，发挥它最大的潜力，这是很值得去做的。这往往是终端用户体验到的核心，因此制作人会为它的创作而自豪。

参与复合式创作

制作人有机会去参与到项目的各个领域里，这些领域都是最有趣且能让他的贡献最有价值的。假如你是一名制作人，那你有机会去把你的组织和监管才能用到各个领域里，包括游戏设计、故事叙述、写作、音乐和主题创作。

协助制作音乐

音乐是任何娱乐媒介中具有高度情感因素的组成成分，尤其是在交互式娱乐软件产品里。制作人有机会去促成原声音乐的开发。这意味着这首你参与的曲子会伴随着游戏永远存在。

与聪明人共事

在娱乐软件行业工作会给予制作人很多可以和聪明人一起工作的机会，和他们在一起工作会学到很多东西，提升自己。

用新的方法去讲述故事

故事驱动的模式源于最古老的沟通和故事叙述形式。但交互式媒体已经不再需要线性故事叙述了。它为故事交互提供了一种全新的方式。更重要的是，游戏所基于的故事和戏剧在用交互式媒体实现后变得更有价值了。视频游戏制作人有机会去让各种故事以难以想象的新形式阐述出来。

开发新技术

在游戏开发的过程中，制作人会经常寻找帮助自己完成工作的新技术，这不但推动了技术的革新，也使自己的制作水平不断提高。

结束语

　　在你看完这些制作人角色后，你会意识到，其实并不存在什么简单的工作，只是工作方法的问题罢了。接下来的一章中，你会学到制作人的专业素养以及如何使你聘用的人才发挥出最大的影响力。

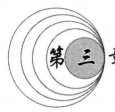# 第三章 高效制作人的工作习惯

斯蒂芬·科维在《高效人士的七个习惯》*一书中提到过高效的制作人工作习惯的问题，他把这种工作习惯归纳为七条习惯。本节我们讨论制作人要为团队做些什么。

成功制作人的内在品质

在我的游戏制作生涯中，我注意到成功的制作人是有其特有的内在品质的，概括为以下内容。

习惯接受批评

制作人不是要和所有人交朋友，而是管理监督你的制作团队。这就决定了作为制作人注定要受到批评或指责，那么就欢迎他们吧。如果批评或者指责对你的工作能够起到推动作用，你的确在某方面存在问题的话，你就要欣然接受并且加以改正。如果批评毫无道理的话你可以不用管它继续前进。

***译者注**：斯蒂芬·科维曾被美国《时代》周刊评为"25位最具影响力的美国人之一"，其著作《高效人士的七个习惯》广为人知。

把每天的工作都当做是阶段性的胜利

这样做不但可以盘点工作进度，而且可以激励团队成员们的工作热情。

切忌自负

如果制作人很自负的话，他会忽视他人所做的贡献。这是阻碍制作人工作的最大障碍。自负能够导致你和工作人员疏远，他们会远离你。谁愿意和一个自负的领导一起工作呢？换句话说就是你越是不在意他人对你的看法，你的员工就越会欣赏你的工作水平。要记住，行动永远比语言更有说服力。

保持正确的工作态度

正确的工作态度是受人尊敬的，在工作中不要由于个人原因而偏向于某一边。要知道你的态度比任何一个项目给身边工作人员带来的影响都大。

表现出专业品质

在任何情况下都表现出专业水平，这对维持客观的领导地位是至关重要的。不要让他人看到你的焦虑，不要针对个人。专业品质是开发的重要基础。

传播热情

你是个制作人，你是最想完成项目的人。你对目标、对项目、对游戏、对公司、对团队的热情是最高涨的，你要用你的热情感染其他工作人员。

不要惧怕失败

每人都会有失败，这是生活中的常事。人们有时会因为惧怕失败而放弃机会。事实上每次失败都是一堂课，它能教会你如何避免下次失败。制作人不能惧怕失败，因为失败更能够帮助你走向成功。

不要急于批评他人

尽管人类的共性是可以轻松地找出别人身上的毛病，但是最好是先弄清楚事情的缘由再下结论。要弄清楚是哪个环节出现问题，是失误还是曲解了你的指导思想。

当然，最重要的就是如果真的是因为团队某成员的自身失误，你要引导他们从失误中吸取经验教训，不能以批评来作为目的。这样做能够提升你在团队人员心目中的位置。

提示

坚决不要对任何人进行人身攻击，如果某人不接受批评的话你可以让其离开工作岗位。

启迪他人

作为领导，要去启发他人的工作灵感。如果你是名制作人，你要让你团队中的工作人员做出最佳的成绩，然后他们会因为你启发了他们的工作灵感而对你备感尊敬。事实上有很多事在你做之前没人敢做，但是如果他们学会去做时他们会做得更好。让其他工作人员有机会来实现他们的想法，这样对他们的工作和你的领导都是灵活的、高效的。

持久的毅力

坚持性对于制作人来说是个非常重要的潜质。很多人都能做到坚持到底。只要确认一个原则，确定某项方案是可行的、正确的，就要坚持下去。

有乐观积极的态度

制作人必须要有积极的态度。因为游戏开发团队每天都面临着这样或那样的问题，从工作的枯燥到意外事件，而制作人要去解决这些问题。这就需要制作人要有乐观积极的工作态度。成天抱怨而又心浮气躁的人是解决不了问题的。除此之外，好的心态对于工作也是有推动作用的，反之则会使工作变得困难。同时你的团队成员也希望和一个乐观向上的人一起工作，如果你想让他们乐观积极，首先要从你自身开始。

做事果断

通常制作人会因为缺乏果断而遭受失败，这就需要制作人要做事果断，无论所作的抉择是对是错，拥有这种能力就是好的。这并不意味着鲁莽行事，果断是种态度。团队是听从制作人的指挥进行工作的，如果制作人的指令迟迟不下，势必要拖延时间，导致整个项目进程错位。所以作决定要果断，尽早与团队成员协商。

谨慎

出色的制作人往往都是谨慎的。在所有领导岗位中，制作人能够享有有限获悉权。这就要求对待信息的保密性要严谨，谨慎对待信息，这样大家才会信任你，你才会获得更多的信息。

热情

一名制作人必须对工作有热情，这就意味着制作人要坚定自己的游戏产品概念和发展方向。制作人要把自身的工作热情传递给团队，使大家能够受到你热情的感染。让大家能够向着你的方向前进。

值得信赖

团队成员要信任制作人，制作人也须要通过一些表现来证明他在任何情况下都是值得信赖的。要与团队同舟共济，保证所有负责的工作按时完成，确保对突发情况有所准备。

幽默感

成功的制作人在工作中往往要显露出他特有的幽默感。通常幽默感可以缓解紧张的情绪，幽默感能够帮助制作人在紧张的状态下保持冷静。就像美国前总统里根一样，在遭到暗杀受伤后，在急救室中还能嘲讽地对为他治疗的医生说："你不会是民主党的吧？"

但是在幽默的同时要注意，别利用幽默间接批评团队的成员。以中立的位置来使用幽默是最好的。幽默可以带来笑声，而笑声是最好的团队润滑剂，就像俗语说的："笑是最好的药。"

以身作则

领导（Leadership）这个词往往有着其负面的隐藏含义，即指让其他人去做一些他们不想做的事来达到你想要的结果。领导还包含了把信心传达给其他在你领导下的人，让他们相信项目里的领导者能作出正确的决定。无论你是执行制作人还是一个助理制作人或者制作助理，都需要较强的领导能力。

领导的最佳方法是以身作则。换句话说，如果你要团队在特定时间能完成特定目标或者实现某个功能点，要先确保你作为制作人的工作是按时完成的。确保你已经做了充分准备从而能使项目的各项工作顺利进行，这是领导的另一个规范。别在一项决策上迟而不决，期盼着团队会在你拖延时帮你决定好。作为制作人，你的要求势必要比别人的高。不断去实现你对别人的承诺，提供你的支持，展示你的关心，要时刻让他人感觉到你也是团队中的一员。

提示

安德鲁·卡耐基曾经说过："如果一个人指望自己能够包揽所有任务，不与他人配合，那么他不会成为一个优秀的领导者。"这句话放在游戏开发行业中是非常恰当的。作为领导者，你要信任为你工作的人，这会使你的工作更为高效。把任务全权分配下去，你会得到积极的结果。

对承诺负责

工作中的承诺就是对于完成任务的个人许诺，当你作出某个承诺时，你要让大家知道你会为实现你的承诺努力，然后做出实际行动证明你在遵循承诺，这样也使得你在团队成员中乃至上级管理人员中获得好评与信任。

承诺可以由个人作出也可以由某个组织作出。而组织作出的承诺若想实现，就需要组织内部的成员分别完成自己的个人承诺。

提示

作为制作人，你必须要为整个团队负责，要为自己作出的承诺负责。如果你能够做到对承诺负责的话，你会发现为你工作的人们同样会尽可能地完成他们所承诺的工作。

坚韧不拔

每个我认识的制作人在工作情况很糟糕时都会有放弃的念头，但是他们没有一个真正放弃的，这就说明坚持到底、坚韧不拔、孜孜以求是成功制作人的宝贵品质。

与大家分享成功的憧憬

要与大家分享成功的憧憬，使团队成员相信自己的努力会使这个成功的憧憬最终实现。通过提供这个成功的意向使整个团队积极工作。比起生硬地督促团队工作，分享成功憧憬的效果要好得多——成功起源于好的意愿。

商业头脑

任何一个制作人都要涉及商业方面的问题，商业头脑也是制作人普遍应该具备的能力。程序人员、美工人员或者设计人员无需在乎商业运作方面的问题，他们需要在他们忙碌地做着自己的本职工作时，有人打理商业运作方面的问题。优秀的制作人能够做到无需团队成员操心商业运作，只管干好他们自己的事即可。协商软件工具、第三方工具使用许可等等问题都应该由制作人来解决。甚至配音演员的聘用、各种合同的签署等等。如果制作人不能完成这些工作，那么他就是不称职的。

赢得尊敬

俗话说："尊敬不是谁给的，而是自己争取的。"这句话放在制作人身上再合适不过了。要展现出对其他人工作、主张、建议的尊重，这点对于制作人来说十分关键。制作人要通过其工作的方方面面来赢得大家的尊重。简言之，你做到了你所承诺的，那么你就会赢得尊重。

主动性

对待计划、任务要主动出击，制作人如果能做到这点，也会为团队成员树立良好的榜样。整个项目的结果也会随着制作人的主动性而改变。而制作人须要在某个问题显露出来并且对项目产生一定影响之前就把问题解决掉，当然，主动也是有限的，但是要尽可能地提前作出反映。

面对风险

约翰·肯尼迪曾经说过："任何行动都有风险，但总比不动要强。"简单地说就是成功不会属于不敢承担风险的人。你可以从小风险开始训练自己，逐渐培养自己抵御风险的能力。最后你会成为敢于承担大风险，敢于面对失败的人。

其他成功的必要习惯

本节讨论一些使你成为高效的制作人的方法（并非所有的方法），如果你能够在日常工作中达到这些要求，那么你一定会成为出色的制作人。

每日工作报告

每日工作报告是一种能够使制作人工作具有前瞻性的一种方法。这种方法被一些顶级游戏开发人员使用，用来确保他们高效地管理项目进程。

每日工作报告是一张列有当日任务变更、功能完成等事项的清单。这就需要每一名团队成员在他们工作日结束时将他们完成的任务以清单形式，通过电子邮件发给制作人或者制作助理，然后经过制作助理的汇总将这些信息按照部门分类，再在第二天早上公布出来。这样一来，每日工作报告就可以清楚地展示出工作完成进展情况。

运用这种方法可以使制作人在不必每日询问每一名工作人员的情况下获悉每个团队成员的工作信息，跟踪管理进度，方便统计和汇总。再也不必让制作助理每天都去打扰大家询问工作情况了，不仅如此，整个团队的进程和每日工作完成情况也很容易统计出来。

清晰地提问

制作人如果要想了解某个阶段的项目进展情况以及完成某个任务需要怎样的条件，这时就涉及提问方式的问题了。虽然若想了解项目进度情况除了提问没有其他办法了，但是我们有办法让提问更具效率和准确性。

在向团队工作人员提问的时候要以比较正式的语气进行，比如："完成这个功能还需要做什么工作？遇到某种问题我能帮你做些什么？"等等，而不是随意性的："嘿，某个任务什么时候弄好？"更不要以指责性的语气进行提问。如："这个怎么还没做好？为什么晚了三天？"你的首要任务是理解员工的处境而不是责备他们。

这种提问方式有助于平稳工作人员因工作压力而紧张的心情。比如我经常在和工作人员一起吃午饭的时候询问他们的工作情况，进展如何、工作做起来舒心与否、为什么等等。这样也有助于你去理解他们的处境，因为你的责任就是帮助他们解决问题。

表 3.1　各种常见情况下的清晰提问

情形	清晰提问
团队成员希望得到提升（非正常的表现评估流程）	我想知道为什么你不等到正常的表现评估流程时就提出要得到提升？能让我知道你希望得到什么样的福利吗？你觉得自己的薪水与行业或者公司里的其他人相比如何？
当表现评估后团队成员对自己的薪水提升不满意	你觉得在你的表现评估中有哪些不满意、不清楚或者不公平的部分吗？你可以放开来说的。你清楚在明年要对哪些表现进行提升才能得到出色的评估吗？在你的表现评估里哪些元素是最糟的？
当某个团队成员在计划上落后	你觉得在我确立计划时，这项任务中的哪些元素是我没考虑到的？我们能为这项任务讨论出一个新的期限吗？
当团队里某个成员对另一个成员的表现或行为表示不满时	你能告诉我他的行为如何让你不满吗？你觉得他为什么这样做？你觉得他这样做是针对你吗？
当某人对高管或者更高层的管理者的决策表示不满时	你觉得从这项决策里能学到什么吗？你觉得我该如何去响应这项决策造成的影响？
当某人习惯性迟到	有什么阻碍了你每天准时上班吗？你会意识到自己的迟到会影响到别人吗？你可以稍微想一下自己在上班时间不在会对计划中的每个人造成的影响吗？
当工作质量不足够时	你觉得要把工作质量提升上去，离上更高的台阶还差哪些步骤呢？你了解为什么你做出来的东西在不影响到众多元素下无法用到游戏里吗？我能做一些什么来帮助你提升日后做出来的东西的质量呢？你需要更多时间？更好的工具？还是在工作开始前对需求有着更好的理解呢？

情形	清晰提问
当有人不同意产品的创作方向	你能让我了解你这么说的原因吗？在这个方向上你还考虑到哪些东西呢？你觉得我们该如何去把这个问题减到最小或者有效地解决它？
希望请假一天（突然提出）	你意识到你的缺勤会影响团队按计划完成工作吗？我们如何能了解到这种可能情况呢？将来如何能确保把这种事情计划在内了？

对他人的工作需要有预先的准备

对他人的工作需要有预先的准备，这就意味着要对所提的要求有一定的灵活性和适应性，要了解每个团队成员的工作可能会需要什么。比如某些工作人员在工作时可能要用到 Maya、3D Studio Max、Lightwave 等软件。对于程序人员的需要，你事先考虑一些第三方软件的许可问题，事先把许可办妥，这样程序人员需要的时候马上可以用到。

事先制定进度表也可以帮助制作人应付团队成员的工作需要。

当然了，如果不和团队成员交流沟通的话就无法获悉他们的工作情况，这样也就无法做到对他们的需要进行事先准备。可以利用网络来随时联系团队成员。

对团队成员的需要要做事先准备，远离"呆伯特"*式的管理形式。

要经常回复工作人员的信函或电子邮件

这条准则看上去比较容易做到，但是实际上这项工作的工作量还是比较大的，这也是成功制作人的工作品质。经常回复他人

---

*译者注：Dilbert（呆伯特）是 Scoff Adams（斯科特·亚当斯）漫画主人公，漫画讽刺了一些职场现象。呆伯特法则即指公司企业选取低能的人来担任高层管理，使他们对于公司的损害降到最低。此为泛指，泛指低效率的配置不合理的管理模式。

游戏制作人生存手册

The Game Producer's Handbook

信息可以确保其他工作人员及时了解你的态度，你对事件的关注程度以及你的处理方案。要及时回复，否则会因为工作人员等待你的指令而浪费时间。

原则就是在每天工作结束时给每个人以电话回复。除非在出差时或者事情不是那么重要的时候。

要做到让联系你的人知道你收到了他们的语音留言或者电子邮件，并且已经开始着手处理问题了。这样做的另外一种好处就是让员工们知道，只要是与你联系就会得到回复，而并非是只有在你和他们意见不统一的时候才会回复，保证了工作的严谨性。

在回复时添上必要的信息

要想让每次交流都起到作用，就要在每次交流时加上必要的确认条目，从而使他人了解你的情况和你所表达的意思。我的办法是在每次电话或者面谈后附上一封电子邮件作为备忘确认。否则可能会出现差错，比如你给 IT 部门发送了指令，但是两周后你发现他们还在等你发送指令之后的确认函。

为了避免这类事件的发生，确认电子邮件应包含如下内容：

* 该次谈话所交流的内容
* 提议内容
* 谁来负责已经决定的任务
* 任务完成的指定时间

有了这个简单的环节就不会出现上述的情况了，确保交流的有效进行以及项目的进行。

在书写计划文章时一定要注意严防书写错误及歧意。特别是在遇到关键步骤或敏感问题时更要注意准确书写。

了解关于合同的问题

对于内部或第三方软件开发制作人来说，了解关于合同的相关问题是基础技能。虽然说关于许可协议方面的问题不都是由制作人来负责，但是对相关问题有所了解可以保证你对项目的掌控能力，提高工作效率。

当你了解了协议的关键内容，就很容易达到目标了。我见过有的团队因为合同过于不正规或者不严谨而导致的项目失败。

如果你接受的项目中带有些含糊不清的合同，那么就要建立关键数据和目标的清单，根据清单来重新制定合同。

履行合同

当你了解合同后，下一步就是运用这些合同来进行项目了。要确保你在协议规定的范围里进行开发工作。

要确保每个里程碑和许可都已经过验证，然后列出里程碑中与合同协议相关的内容条目。

虽然严格遵守着合同死板的明文规定可能对产品开发过程有着一些不利，但我从来没看过有任何制作人是坚持着合同中列着的里程碑条件来让项目保证如期完成的，而是更多是把产品改良到最好和最酷，或者加入了合同中没有限定的功能和内容。

如果你对协议有异议，可以与你的管理部门协商，更新合同来适应项目的发展，研究出新的方案来推动项目发展。但是在项目合同修改前还是要按照原有的计划进行。

项目技巧：制定进度与修改进度

有很多制作人都觉得经常制定进度、修改进度很麻烦，要是有个能够使这个过程简便的方法就好了。那么我告诉你，这个方法就是使用微软 Microsoft Project Software。制定、修改进度是制作人必经的过程，必做的工作。因为项目的任何改变，功能、设计、资源、时间等等任何因素的变更都需要随时改变制作进度，以便确定其对项目造成的影响。

MS 项目软件是个比较复杂而系统的软件，但是该软件不会因为缺乏专业知识而变得难以操作。

我建议在游戏开发的构想和推测阶段使用该软件。MS Excel 比较适于更新从而紧密地跟踪项目进程，确定未完成的工作。

我通常每年修改 12 次进度表，如果有未完成的里程碑，那么就从构想阶段开始检查并将其完成。要做好随时修改的准备。

成品报告

游戏产业中一个最有价值的报告就是成品报告，即当游戏完成后总结的一些经验性的回顾。这正是游戏产业和其他娱乐产业与众不同的地方。该报告一般发表在 http://www.gamasutra.com 或者刊登在《游戏开发者》（*Game Developer*）杂志上。这些报告揭示了游戏产品在开发阶段的失败之处，可供后人学习经验。

我建议把这个方法向前推进一步，就是在完成每个里程碑之后进行一次总结性的评估。把做得好的地方和做得失败的地方都记录在案。这样可以最大限度地重复成功，最小限度地限制失败。

让团队成员表达他们的失望以及对自我工作的分析，确保交流通畅。在这样的基础上，下一个计划一定会做得比较出色，团队更具有自由管理性、自我总结性。

不要向团队隐瞒真相

曾与我近来合作过的一个项目主程序员建议我加上这点，他曾经和几个制作人艰难地相处过一段时间，这些制作人都不太会告知团队真相。制作人会经常和外部的第三方团体磋商，此时要去讨论某个问题背后的真相往往是有很多不便的，但面对自己的团队时，你说出来的必须是 100% 的真相。

在你说的故事里，无论其中不一致的地方有多隐蔽，别人都会觉得那是谎话，此时你的信任度会随之下降。一旦产生了这样的情况，制作人就会失去他这么长时间以来努力赢得的所有尊重了。别让这件事在你身上发生，在你面对的所有内部人员时都要保持坦诚。

做到卓越

做到卓越，意味着利用你的天赋和才能在你的工作领域里做到最好。但卓越不等于必须做到第一，虽然有时候卓越会附带一定的报酬。承诺卓越，只是意味着你要一直去提升你的工作质量，无论何时，无论情况怎样。

例如作为制作人，做到卓越意味着做出最棒的音乐、最吸引人的游戏设计、一个高度融合的故事情节、一套不费力的 UI，或者最棒的关卡设计。或者指达成特定的技术目标，例如纹理压缩、多边形渲染，或者在交互体验上引入了新的变化。

为了做到卓越，你首先要承诺尽可能去想方设法。把这点刻入你的脑海中，让它渗透到工作的方方面面。

承诺做得出色

想做出出色作品的制作人经常会承诺做得出色，做得出色并非指的是你的产品要成为销售冠军。做得出色指的是项目按照你的要求达到你的目标。做得出色是优秀制作人的内在潜质。

要做得出色，制作人和其他负责人就要在工作中为其他成员树立榜样，要有专业素养和敏捷的处理能力。这一点可以表现在很多方面，比如回复信件时清晰的语言，没有拼写错误等等。用你的热情感染所有团队成员。

做得出色都需要什么

热情

对待项目的热情就像是在跑马拉松，比赛很长，而且又热又累。但是终点线激励着所有选手继续向前跑。

勇气

追逐目标，不畏惧失败。并非是鲁莽的冲动。

高标准

对自己要高标准严要求，要时常地问自己："这就是我的最高水平吗？""我能不能做得再好一点？"等等。树立远大的目标，尽一切努力去向其靠近。

工作要努力，还要讲方法

阿拉巴马州的著名足球教练贝尔·布莱恩特曾经说过："并

非是愿望本身取得了胜利，而是为了这个愿望所做的努力赢得了胜利。"如果谁想取得丰硕的成果，他必须要付出很多努力才行。

"承诺做得出色"能为制作人带来什么

要做得出色，需要整个团队里的每个成员都做好自己的那部分工作。我在负责《神秘岛3：放逐》的音轨制作的工作中始终贯彻这一方针。通过我们大家不懈的努力，当我在2000年和交响乐团录制音乐时，我感受到了出色的音效出自出色的工作。

还有一次，我和一个团队经过了漫长艰苦的工作后，终于将游戏完成了，在完成前夕还需要做一个里程碑，而与此同时我还负责产品的零售协定。此时编辑人员将一个错误脚本编入其中。如果想更正则需要做很多工作。尽管如此，团队工作的中心思想是力求做到完美，于是我们回到了制作室，重新寻找脚本。产品在几天后发售，我们获得了极佳的评价。虽然我们工作得很艰苦，但我们的作品是成功的。

为什么说"承诺做得出色"对于制作人开发产品来说是十分关键的?

若想使所开发的游戏产品取得成功，其中有很多方面的因素涉及这个问题。换句话说就是如果各个细节或者组成部分都能够很好地完成，那么其整合组成的项目必然是成功的。这也是游戏开发中的一大挑战。

制作人在工作中可能会遇到如下挑战：
* 市场周期问题
* 对于市场营销的关注
* 对于核心技术的依赖性
* 在市场中对于技术的采用（尤指3D硬件芯片）
* 能够适时地将产品推向目标市场
* 运作能力（泛指各种运作能力）

开发一款游戏产品需要时间和资金——制作人和团队的时间、出版方（或其他人）的资金。如果产品开发失败，你是无法找回那些被浪费的时间和金钱的。作为一名制作人，你要对于所投的资金负责，要对你的工作人员所付出的时间和努力负责。你要利用资金和时间来打造一款成功的产品。记住有句话所说的："杰出的成就是长久不灭的，即使在为其所付出的一切都被人遗忘之后。"

如何理解"出色"的意义

达到出色，意味着要树立最高的标准。"承诺做得出色"最明显的好处就是，让每个人都具有清醒、坚定的高标准观念，刺激每个人在工作中要按照高标准来衡量自己工作的尺度。

通过在自身的工作上严格按照高标准要求，从而能够影响其他和你一起工作的工作人员。长期如此，必然会树立你在同行中、产业内的个人品牌，对于之后的事业势必产生积极的推动作用。

要确保你的制作团队均已贯彻你的"承诺做得出色"的思想，要通过行动和讲话来进一步加深认识。对外要宣传你的指导思想。

所有制作人都应遵守的规则

本节讨论一些所有制作人都应该遵守的规则，以及为什么这些规则十分重要。

去了解你所不知道的

"智慧的标志在于了解你所不知道的东西。"

——苏格拉底

要求制作人搞清整个过程中的所有细节未免难为制作人了，但这里的挑战在于尝试了解你能了解的关于游戏开发的一切，同时依赖其他人去了解他们职责领域相关的一切。不了解的事物总会出现，而优秀的制作人会去弄清楚问题的答案。

想通晓游戏开发中的所有细节是不可能的，但是作为制作人要尽可能地去了解游戏开发中的知识。

* 要想了解得越多就要学得越多

* 在产业中有很多人可以学习，比如和程序人员学习程序方

面的问题和设计人员学习关于游戏设计的问题等等。要知道你不是业内最好的程序人员或者设计人员

* 要知道有很多人在决策方面要比你快很多倍
* 要知道你没有各部门负责人懂得多
* 要知道你和团队成员们面临的不是同一个问题
* 要知道即便是有些市场营销方面的想法，你却不知道如何制定媒体预算

资源、质量和时间的不变定律

所有游戏大体都由三个元素组成，分别是资源（包括人力资源、财政资源）、质量和时间（金钱）。如果你改动其中一个元素，另外两个元素也要相应地进行改变。比如想缩短时间，那么资源就要增加，因为你要聘用更多的人使用更好的工具。反之亦然。

对于制作人来说，认为让团队全体一同加班能够缩短时间，那么就大错特错了。一天超过 8 个小时不会带来什么更多的收益反而增加 bug 出现的几率。之后还需要大量的时间来修改 bug 反而可能会超过限定时间。

如何量化难以量化的东西

在做一款视频游戏时总有着很多变动的因素，所以你最好是尝试尽早开始了解和量化这些变因。通常这项任务都让人望而生畏，太庞大且定义模糊，让你禁不住想："让我们先开始吧，等碰到问题时自然会有办法。"我从不推荐这种车到山前必有路的做法。

对于游戏产业中大多数的开发者来说，他们都往往会抗拒一个明确规定的团队结构、团队流程、工种或者方法。他们通常都一致认同"约束会抑制创意"的说法。但效率低下的流程会降低生产力，有效率的流程会提高生产力和效能。

你要从创意设计中的功能说明书和使用指南开始。功能说明书是对游戏功能是如何运作的描述。使用指南是一份清单，一张表，或者一份报告，它详细列出了在这份创意设计实现后，用户

会看到全部可能情况。而后这两种元素会拆分成功能点和任务、美术资源以及工具需求。当这份长长的清单完成后，你就把游戏之前所需的无法量化的工种量化下来了。

在你开始游戏开发那史诗般的冒险前，你会很高兴花了这些步骤来量化出这些无法量化的东西。

第九章我们会探讨建立一份游戏开发进度的过程。我还推荐你读一下 Wordware Publishing 出版的埃里克·贝特所写的《游戏开发和制作》（*Game Development and Production*）以及 Pearson Education 出版的吉姆·海史密斯所写的《敏捷项目管理》（*Agile Project Management*）。

游戏开发者会议

本章的最后一节我们讨论的是每年一度的游戏开发者会议。所有的游戏制作人都要尽可能地参加这项会议。

每年的游戏开发者（以下简称 GDC）会议在 3 月份举办。会议的官方网址是 http://www.gdconf.com。

GDC 是一个官方的商务会议，它为所有的娱乐媒体提供了一个展示交流的平台。包括电脑游戏、平台游戏、移动娱乐、网络游戏等等。

每年都有数以千计的个人或单位参加。许多资深业内人士在一起交流产业心得。对于每一位与会的娱乐界人士来说都可以带来许多商业机遇，这无疑是娱乐产业的盛会。

会议设有讲座、演讲、相关课程、圆桌讨论等等，囊括了产业内的众多元素，也是获取最新的成果、最先进的技术、最新的工具的好机会。

结束语

要充分发挥制作人的领导才能，尽管管理进度或者预算的难度较大，但是本章所阐述的一些方法和工作习惯会帮助你在工作上取得成功。

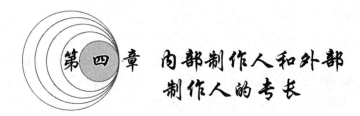

第四章 内部制作人和外部制作人的专长

本章我们主要讨论游戏产业中制作人的各种专长。主旨在于发挥个人的特长并且能够在工作中寻找到乐趣。

游戏制作人的专长

游戏产业中，制作人会表现出这样那样的专长，本节我们发掘制作人的各种专长以及利用这些专长帮助取得工作上的成功。但是这需要建立在制作人已经掌握了一些专业知识的基础上。

如果你是个有生意头脑但却对设计游戏不太感兴趣的人，你可以在这个行业中找到合适的位置。如果你倾向于游戏设计美工，但不太喜欢制定进度表，也一样可以找到能够发挥优势的位置。几乎所有的工作都有不尽如人意的地方，但是制作人这个角色却是一个相当灵活的职位。发掘你的能力，学习如何使用你的能力来为你创造价值。

法律和商务

如果一名制作人比较关注法律或者商务方面的问题，那么他可以胜任高级管理人员这个职务。而如果你是名制作助理，那么你可以从执行制作人那里学到很多相关技能。

侧重于法律或者商务的制作人需要了解下面我们讨论的内容

并且需要掌握较强的谈判能力。超过99%的项目需要涉及法律许可等方面的运作，所以这就要求制作人有一定的法律基础。即便是在项目中会聘请代理人或者律师，但是作为制作人自己掌握一些法律知识会让整个项目进程更加高效。一般代理律师没时间来教制作人关于法律的常识，他们一般会将自己的工作最简化。

如果制作人个人掌握一些法律知识，可以辅助代理律师快速地查阅项目各个关键环节，这样可以使项目更快的完成。

出版方制作人也同样需要一些法律和谈判方面的能力。比如可能会遇到一些许可的问题，或者与像托尼·霍克这样的体育明星谈判等等。

商业合同法

自从商业诉讼覆盖了所有的商业领域之后，合同法显得尤为重要。为此我们简要介绍一下商业合同法的大致内容。

提示

本书里所提供的信息不能够替代律师的法律建议。

合同清晰阐述了两个团体之间的商务关系，这类商业承诺是强制执行的。根据合同议定，两个团体须要本着公平原则进行利益交换。

提示

普通法系（Common Law）是不断演化的法律体系，法官会根据不同法院、不同时间对法律做出不同的解释。这意味着不同法院会以不同的方式去解释法律，解释细节取决于周边细节情况。

成文法（为特定司法权而写）要求某些合同要以特定的格式来书写。

本节讨论协议的相关问题，以及为什么商业合同与游戏开发息息相关。我们的内容中并非囊括了协议合同的全部内容，只是简要概述协议所须要包括的内容。

本节还包括了合同法的一些大致内容，以便于你和代理律师或者执行制作人就协议问题进行交流时能够运用。

注意

在接触协议时一定要有律师在场。

以下是合同法的简述。

转让

本节讨论的转让的相关问题是用来应对在不违背合同的情况下能否将合同转让给第三方的问题。与开发方的合同在没有得到出版方许可的情况下是不能转让给第三方的。出版方不希望由另外一个开发方来完成合同上签署的项目。由于行业内的合并现象在新的时期已经是习以为常的事了，这些严格规定可以防止开发方将项目转让给第三方。出版方雇用开发团队，并由同一团队完成项目，这才是出版方想要的。

而出版方则可以将他们的项目出售转让给第三方，这样给予出版方灵活的项目空间。如此一来，这种转让活动就对开发方面产生了影响，制作人需要马上意识到整个出版发行的方案会随着转让而改变。

违约

当进度进行的实际情况没有按照协议承诺进行时就形成了违约。通常违约是由于任何一方没有按时交付某项任务造成的，比如出版方没有按时按里程碑付给协议制定方钱款。

法律条款的地域性选择

如果你在华盛顿，你正在和一家来自加利福尼亚的公司进行商务协定，那么涉及法律的选择问题。如果你选择以加州法律进行合同执行，那么你在华盛顿聘请的律师可能在加州没有律师资格。这时你就需要聘请合适的律师。

条件

条件是双方承诺完成工作并提供协议中界定的报酬的特定条件。这些条件是具体的、可衡量的，例如里程碑的交付认可是在各种设计规范和测试相一致的情况下。这说明里程碑的交付认可取决于发行方对里程碑的评审和测试。如果出现不一致的情况，出版方可拒绝本次交付认可。

对价

一般来说，公司要提前支付一笔特许使用金给开发方，作为开发方的"预付金"。这种提前支付只能在开发方的工作完成前提交，且由出版方认可之后方可产生。

授权费和这点是有一定区别的，它是建立在多项支付费用的基础上的（例如使用某个电影的版权或者专利技术的费用）。

获得使用金或者授权费用的一方能在完成的工作被认可后得到预付金，但这些使用金事实上仅是很少一部分收益，只有当产品销售时，出版方得到利润才是赢利。

竞业禁止

如果开发方在合同要求下开发一种特殊的产品，出版方会要求开发方把产品尽可能做到最好。因此，如果开发方在使用微软的实时系统，那么合同将不允许其使用来自其他公司的产品。

损失以及补偿

在协议中需要添加损失与补偿的内容。这些补偿条目只针对某些特殊情况，比如一名开发人员或团队在合同协定的工作完成前已经被转让到另一家公司，这时就出现了损失，那就是开发团队需要重新进行项目开展以交付出版方，这种损失可能达到几百万美元。所以在制定这些条目时一定要谨慎小心。

合同的有效期和终止期

多数合同都有有效期，就是指合同里规定的条款生效的时期。还有一些合同是终生生效的。要清楚如何终止合同或协议。开发协议一般在开发完成时即协议终止。

隐含合同

作为制作人，要清楚地认识到，你在向外界或者第三方发表的任何声明都不具有合同效用。除非是已经由官方出面签署协议。所有我见过的协议或合同都使用双方认可的语言。任何口头修改都是禁止的，只有书面的合同具有法律效应。

知识产权所有

知识产权（以下简称 IP）所有是最繁琐的条款之一，作为制作人你需要了解它。在进行游戏开发的时候，最重要的是要知道谁拥有 IP。这关系到游戏开发所使用的素材或者技术问题。

当处理许可协议时（对于特定的 IP 的使用许可）要充分了解某个 IP 的使用范围。

独立合同人员

无论你是工作于开发方面还是工作于出版方面，你都会使用到独立合同人员。所以你要和你的法律顾问准备一份清晰、准确的独立合同人员协议。该协议详细地界定了工作的完成、工作认可标准、成果归属、完成时间等。根据当地税务、劳务部门具体情况，遵守各部门规定。此要与雇员区别开。

微软曾经被一些独立合同工作人员和一些临时雇员联合起诉，我对那次事件印象很深。当时，这些人员都认为自己是全职雇员，要求得到全职员工的正常利益。法院最终判决这群人应该受到与正常全职人员相同的待遇，因为他们是合法雇员。造成这种情况的原因在于，微软的独立合同协议制定得太过模糊。（该案档号：Vizcaino v. Microsoft Corp., 97 F. 3d 1187 [9th Cir. 1996]）

独立合同人员一般是在特定的时间内做特定工作的人员。他们可以在家里完成工作。下面是一些例子：

* 故事版编写
* 绘图
* 前期美工
* 音效、音乐编排合成
* 脚本编写
* 公共关系及试玩版开发

在雇佣独立合同人员前，最好事先与当地法律部门协商。

意向书

意向书（以下简称 LOI），可供制作人检查协议所讨论的关键问题。包括预算、时间限制、技术使用等。律师往往会推荐用一份"非束缚"的 LOI，这意味着公司不会被书信中任何条款所束缚——LOI 里只是详述了用于阐清和讨论的条款而已。实际上你可以把 LOI 发给你的律师，让他去和其他的法律顾问一起完成最终的协议。虽然大部分律师都不推荐使用 LOI，但我觉得它们还是很有用的，也是让项目向前滚动的很有效的方式。

许可

当你需要使用某些技术或者其他东西，而这些东西的版权是属于其他公司的，这时就须要其他公司授予你许可，方可使用他们的东西。有些许可是明确标出如何许可或能否许可的详细情况。通常在游戏产业中，许可是专门授予游戏平台或者电脑游戏的，就是说你不能把这种许可使用在电视或者电影上。有很多使用许可可能已经授权给了其他公司或团体。

保密

娱乐产业总会牵扯到保密的问题上。保密协议的作用就是限制你不能在产品发布前将任何信息泄露给指定的人。包括你的制作信息、所用技术等等。

里程碑

制作人的主要工作就是确定里程碑，里程碑是用来确定某项工作何时完成以及游戏制作进程的情况。其中的内容要明确、清晰。

申请与接受信

申请与接受信是合同法的关键部分。由一家公司或团体出具申请，由另一家公司出具接受信，这两项构成了协议。

选择性行使权

选择性行使权指的是，合同赋予某公司行使他们的产品选择的权利。在这种情况下，开发方有机会利用现有的资源来试验另一个产品概念。但是出版方有第一拒绝权。

地点声明

这项条款所指的是工作开展的地点。通常指特殊开发工作。如果你是开发人，你要将分包工作地点定为东欧或者中国，你就要在合同的这个位置表明。出版方也许希望你在这个地方完成所有工作。

第三方软件

通常情况下，制作人如果想完成产品就需要第三方软件许可或者技术支持。Miles Sound System，Blink Video，DivX，Quicktime，InstallShield，Unreal 以及 Gamebryo 这些都属于第三方软件。在合同上要把许可使用的这些第三方软件表示出来，以便其他公司或者团体能够明确。

时间声明

在开发协议中，时间是非常重要的因素。因此要确定开发进程的起止时间。

保证书

保证书是由一个团体出具给另一个团体关于协议上议定的工作的一种承诺。显然，游戏开发方必须向出版方保证他们拥有所有的该游戏开发所需要的许可或使用权。

商务方面知识

这些商务方面的知识是制作人在工作中需要掌握并运用的相关知识。

LOI 由哪些部分组成

以下所涉列的是意向书中关键的几个部分。无论是开发方制作人还是出版方制作人，以下的内容都是与其工作息息相关的。越早掌握这些内容，越能够在工作中从容应对问题。

* 产品。指产品的名称，如果你不知道产品的名称就用"某产品"代替，等产品名称定好后再填上去。

* 平台。与哪个游戏平台签了合同。

* 知识产权所有情况。明确地写出谁拥有开发该游戏的技术产权或者知识产权。

* 专利费税率。指的是出版方实际盈利比开发者净收益。

* 预支费用。指预支费用比专利费用。基本上说，出版方预支给开发方或者许可持有方的费用是由专利费率和产品预

期销售情况而定的。

* 交叉抵押（Cross－collateralization）。这一点会在谈判早期
  阶段定下，它会指出产品每一份库存单位（SKU）的版税
  （以及预付金）是否要交叉抵押。这意味着游戏 PC 版的
  版税在 PS2 和 Xbox 版本收益超过预付的版税金前是不会
  支付的。简单来说是所有 SKU 的预付版税都会整合成一
  个较大的总和。整个游戏（包括所有 SKU）需要赚到超
  过了预付金后，开发方才会得到超出提前支付的版税金的
  资金。

* 里程碑和母盘阶段。评估产品完成的日期。在此日期产品
  完成开发并且被出版方检验合格。然后将母盘送交生产厂
  家进行生产。通常这个日期只是一个猜测的完成日期，但
  是如果一切工作都能按照进度进行的话，应该可以在预期
  的时期完成目标。

明确清晰地建立里程碑

建立里程碑是项比较复杂而且难度很大的工作，特别是建立
比较精确的里程碑更是难上加难。要想使里程碑精确体现工作情
况，那么就须要深度地分析和精确地计算。既便如此，其结果也
很难保证准确。

根据合同要求，里程碑中需要包含计划进度表。制作人需要
在规定的时间向出版方提交里程碑，出版方来审验从而决定所提
交的里程碑是否符合合同规定的要求。如果符合要求，出版方才
会向开发方交付资金。

里程碑必须在开发工作开始之前制定完毕，并且符合法律规
定。在项目开始阶段很难决定接下来的九个月到十八个月应该做
什么任务。开发方和出版方可能在产品的开发问题上存在分歧，
如果里程碑内容不够明确的话，很可能导致误解或者分歧。

假设有这么一份合同，里程碑里有条界定为："做好引擎中
的地形渲染部分"。当开发方与出版方在合同里书面定下里程碑
的计划后，双方均无异议。当真正开始编写引擎中的地形渲染部
分时，开发方中的程序人员做出了一个很棒的引擎，让它能渲染
各种高度的带纹理地形。然而将这个成果呈现给出版方看时，他

们质疑为什么没有动态的地形高度改良工具，为什么地形在同一时间只能支持一种纹理。程序人员解释说这不是同一个开发任务，原本界定不是该里程碑中的一部分。结果在这个例子里，出版方与开发方因为这个界定模糊的里程碑而产生分坡。

如果制作了含糊不清的里程碑可能会造成开发方和出版方的理解不同，开发方可能会认为里程碑已经达到了标准，而出版方则可能持相反观点。这样出版方就不会付钱给开发方。这种情况下合同也无法起到辅助作用。

假如一个里程碑无法提供项目真正进度的任何信息，那它也是定义不清的。以下是含糊不清的里程原告的样例：

* 做好一个可玩的关卡并可以运行
* 完成可交互的 DEMO
* 把图形引擎转为 32 位

"做好一个可玩的关卡并可运行"——这到底代表什么意思呢？这里的问题在于"可玩的关卡"是含糊不清的。这既可以是一个字符替代的角色在一个平面里移动并发出单个音效的简单效果，也可以是 3 个有着完整纹理和全套动作的 3D 角色在一个不断运动、有着动态光源的 10×10 屏幕的区域里运动，甚至还包括了 10 个运动物体的参与、完整的鼠标和热键控制以及一大堆其他需要的功能。

该里程碑应该对"可运行"给予清晰明确的参数界定。其定义本身就得分解成多个不同的组成部分，否则开发方的进展是无法评判的。

第二个里程碑"可交互的 DEMO"也有着类似的问题。该"DEMO"到底要包含哪些东西呢？它还需要哪些东西才能变得可交互呢？假如连出版方都不知道完成这个 DEMO 需要评估哪些东西，那它怎么可能完成呢？所以当你用到"完成"这个词时务必要非常小心。在这个例子里，"完成"应包括速度上、美术质量上、数量上以及基础功能上的完成。

要改进这个里程碑定义，你须要完整界定出该次 DEMO 的组成部分，要定义出游戏中的哪些部分要是可交互的以及其中包括哪些交互性内容。当有了如此合理清晰的定义后，任何人都能判定出里程碑有没有完成（从而能不能"接受"）了。

"把图形引擎转为 32 位"，这在表面上听起来是没问题的，这也是这三个里程碑里定义最好的一个了，但它还是应该分解成相应的组成部分。例如源代码中哪些部分需要转化、该使用哪种转化方法，还是基于骨架去仅仅把它转成 32 位呢？它具体要支持哪些 32 位的功能，这对游戏设计和美术制作会带来哪些后果，为了支持这个新的图形引擎，需要什么新的工具来帮美术人员处理美术资源的转换，你应该把这个里程碑分解成合适的子集，让程序人员能够借助这些详细的信息更好地完成工作。

一个前期做错了的冒险游戏

这个冒险游戏早期的里程碑包含了游戏的设计方案。合同中的里程碑描述为"完成 X－factor 场景的设计并包含多个关卡"。由于合同里没有列出所要求的设计组成部分，于是制作人对一些早期的设计都很不满意。开发方详尽地列出了关卡中的各个构造元素，并用冗长的描述去解释游戏里的元素。但由于当时没有为角色编写任何剧本，没有任何图片展现美术风格，也没有总结出玩家用来应对每种游戏元素的指南。所以设计里各个部分所需的各种细节会在工作人员头脑中产生误解。

为此，制作人重新编写了里程碑的定义，把它作为修改方案加到出版方与开发方的开发协议里。

Mountain and Electric Worlds 的设计

这个里程碑包含了关卡的历史背景概述，包括：它在游戏世界中的位置，它的基本规则，创作它的人是谁，为什么创作它，何时创作它。交付清单里明确描述了玩家在关卡里必须要解决的游戏元素，它的细致程度等同于游戏的一份攻略指南。其详细列出了各种游戏元素，并描述了每一种元素。这些概念草图能使人对整个关卡有一定的感性认识，同时对关卡一些重要的环境效果也有大致的印象。

以下是一些制作、清晰明确的里程碑的准则：

＊将每个任务分解为若干个部分，将它们写入进度。如果须

要写入关于设计方面的细节，那么就把这个设计细节的具体名称完整地写进去。

* 避免使用不准确或者有歧义的词语。比如"一些"或者"大多数"等词语，这些词语不能表示出准确的数量。

* 在里程碑中不要出现任务完成情况是以百分比表示的。比如某任务完成了70%。就像我们不能说一个人是70%活着的一样。

* 尽量多地显示细节。你要反复审查分析里程碑，确定有足够的信息来完成里程碑。

* 如果你没有足够的信息来完成里程碑的话，先用To Be Done（等待完成）表示，然后当你有合适的信息时填进去。

* 要在游戏设计文件和技术文件全部完成的基础上建立里程碑，确定里程碑上的内容存在。假如游戏一共需要50个怪物，那么要把这50个怪物连名字一起写入里程碑，也就是说这50个怪物已经完全制作好了。

* 要包括一个合同进度声明，可供改动之用。

* 如果里程碑出现重复的条目，比如设计文档、界面、声音脚本等等。这时应该建立多个里程碑脚本，比如草案一、草案二等。

* 程序开发里程碑需要建立在明确的引擎功能基础上

* 如果有你不懂的技术方面的专业知识，向相关专业人士请教。

* 了解出版人对于项目的要求，出版人的每个要求都必须出现在里程碑上，比如试玩版、截屏、幕后信息、在线宣传、可供在线宣传的完成的游戏艺术素材等计划交付的项目都要写入里程碑。

* 其他关键部分，如人物样版、界面、关卡外观等等必须在设计文档完成后尽快交付。

* 不要让开发人员留下技术遗留障碍，可以运用GameSpy或者其他第三方软件进行工作。媒体播放器需要在单机版游戏完成前尽早运行。

* 里程碑的计划工作最好每隔一个月进行一次，如果把里程

碑安排得太紧凑的话，制作人很有可能因为将全部精力投在制定里程碑上而没有时间进行游戏本身的开发工作。如果间隔时间过长的话，制作人就会难以对出现的问题敏捷地作出反应。但是在设计阶段的早期和引擎开发阶段可以将里程碑安排得散一些，而在内测、公测等阶段需要安排得紧凑些。

* 应该把内测、公测和最终版完成的时间间隔安排在至少一个月左右。正常情况需要两个月左右。如果对于大型的角色扮演类的游戏，时间间隔需要在三个月左右。

为什么说制作人对于理解项目的创意是至关重要的

如你在本节所看到的，在游戏开发过程中会涉及到很多商业和法律方面的事。理解创意设计的指导思想是极为重要的一步。你作为制作人，如果在商业与法律方面没有奠定坚实的基础，那么之后便会带来很多困难。

创意型制作人

本节讨论一个具有极强的创造能力极有构想的人如何来胜任制作人这一角色。在娱乐行业中有很多在功的先例，比如现就任于狮头工作室（Lionhead Studio）的彼德·莫利纽克斯，Maxis 的威尔·怀物，离子风暴（Ion Storm）的沃伦·斯派克特以及 Relic Entertainment 的艾力克斯·哥登等。但是要想成功也非轻而易举，有一定的风险。创造性强的人来担任制片人有其优势，同时也伴有一些劣势，下面我们来简要分析一下。

其主要优势在于：首先，如果一名制作人具备较强的创造能力和创新意识，那么他（她）通常对于这份工作有极高的工作热情，这对于一个项目、对于整个团队来说无疑是具有积极意义的。其次，在决策游戏设计方面的问题时能够避免一些不必要的分歧。第三，制作人的创新意识、创造思路可以和制作助理及助理制作人的思想中和，形成既有创意又不超出制作范围的想法。

与此同时必然伴随着一些劣势之处，比如这种类型的制作人比较情绪化，容易使自己太过创意的想法超过了制作能力，导致错误的决策等。

依靠优秀的制作人

为了使创意达到最好的使用效果，通常需要把决策取决的工作交给另一个处于客观角度看项目的制作人。这样做是为了确保有一个人在推动项目向前发展。同时，这样可以起到协调平衡的作用。

掌握一定专业技术的制作人

在成为制作人前，他（她）可能是名程序设计人员或者其他专业工作人员。如此拥有一定专业背景的人来担任制作人有一定的优势所在。游戏产业的领军人物约翰·卡马克、杰森·罗宾等都是具备专业技术背景的成功制作人。专业技术和经验对于制作人这一职务来说是很有价值的。

首先，最大的优势就是，如果制作人熟悉游戏的专业知识势必对于游戏开发是极有推动作用的。他们可以直接与技术人员就某一专业技术问题进行交流沟通。另外，一旦发生技术方面的变革改进，制作人可以发挥其专业技术优势，领导团队进行有效应对。再有就是技术专业制作人可以发现有些细节的问题，对于游戏运行质量是一种保证。

有一定技术背景的制作人的另一大优势在于，他能看到游戏设计以及游戏架构中一些看似无关的元素的细节，并把握住这些细节。具备技术能力的制作人能理解游戏工具集的基础引擎架构和设计需求相关的各种问题。

总的来说，无论你是创意型制作人还是技术型制作人，在工作当中都会找到自己合适的位置。接下来这部分会详细谈谈内部制作人和外部制作人的具体要求上的差别。

内部制作人与外部制作人

本节主要讨论内部制作人与外部制作人的一些相关问题，上节所阐述的一系列制作人专长是无论内部制作人还是外部制作人都应具备的。同时，有某些方面的专长与特点是根据其制作人的不同角色而特有的。

与内部团队合作的内部制作人

与内部团队合作的制作人，无论是开发方面的还是出版方面的，都承担着游戏开发的日常管理及独立 SKU 的工作。内部制作人的日常管理工作与外部制作人的日常管理工作所需要的技能与方法是有区别的。

内部制作人在进行工作时所需的技能与专业知识很大程度上取决于团队的规模与产品开发周期的长短。如果某产品必须在较短的时间内完成（通常进度时间少于一年），那么就需要一套特殊的方案来确保每个人在朝着目标努力工作。这就意味着该产品的特点及功能要按照某类游戏的典型设计来开发，没有时间来创造新的设计，因为时间比较有限，无法完成过多的工作。与内部团队合作时，应特别注意细节问题，多个小问题相加就会变成大麻烦。

找到正确的方法完成中期制作

制作进入到中期，才是真正意义上的"制作"。如果说项目的开端如同日出，那么中期的制作就像是进入了夜晚，进入了未知世界。进入中期仿佛感觉走进一片绝望的沙漠，因为无论是管理方还是出版方都看不到视觉上的进展，一切都在默默地进行。

如果有一个比较均衡的进度表会对工作有巨大帮助，它会显示接下来要进行什么任务。另外还需要一种工具来推动制作的进行。在游戏空间内定位物体的工作需要尽可能快的完成，因为物体定位后团队工作人员才能对于游戏的娱乐性有直观的认识。一些系统比如渲染系统需要在兼容性系统之前完成。

内部制作人的一个关键能力是能够向上层管理人员明确阐明项目的进展情况，确保团队进行工作前已经准备好相应的工具。

在制作阶段，产品的预期状况与实际制作出来的状况之间的差别与分歧是不可避免的。比如在 E3 上展示的试玩关卡与实际发售的产品存在差别，玩家们一定会有反应，他们想知道为什么会产生差别。

作为内部制作人，此时应该时刻跟踪管理游戏功能的组合，严密掌控功能制作与合成，确保任何修改都在进度表上有所显示，让出版方知晓你的管理方案。尽早删减不适当的功能，是确保工作紧跟进度安排的必然做法。

要使团队对所开发的游戏保持聚焦的状态

Relic Entertainment 的罗恩·英拉瓦克说过："制作人要以完成游戏为首要责任。"这意味着对于制作人来说，最重要的就是要使整个团队把注意力集中在完成游戏上，让其余分心的因素都减到最小值。那制作人在哪些方面能对内部团队带来最大价值呢？制作人并不是美术总监。不是主美、主策或者主程。但制作人能帮他们界定游戏体验的本质，让团队都把注意力集中到这个焦点上，全力瞄准共同的目标。

这意味着假如你是一个第一人称射击游戏的制作人，那把这个游戏变成最棒的 FPS 游戏就是你成功的地方了。你要经常以此审视自己和你的团队："这个游戏的体验之中能否体现出承诺的三个体验特点？"确保这个问题总能得到最棒的答案。假如这些承诺是最佳的画面、出色的物理效果以及游戏整体平衡性，那就把地形、CG 以及特效都放到次要的位置。

THQ 和 Relic Entertainment 最近联合推出的《战锤40K：战争黎明》提供了之前任何一款 RTS 所不具备的最棒的前线战斗感。它是一个很罕见的单机游戏吗？不。它运用了《战锤40K》的世界观里所有的单位和规则吗？没有。但它以很棒的前线战斗行为塑造了一个十分平衡的 RTS 游戏。它向 RTS 的游戏迷传达了自己最关键的承诺：前线战斗行为！

我们不要想太多

在最近一场高尔夫比赛里，Relic Entertainment 的罗恩·莫拉瓦克和他的一个高尔夫球友一起去到当地场地的一个难度很高的球场区域打球。罗恩是一个行动迟疑的人，他问道："我要带上我的发球杆吗？"此时他的高尔夫球友说道："罗恩，我们有时不要想太多，果断一点！"一个出人意料的回答，但让罗恩很快就认同了。

当你在高尔夫赛场时，那就玩高尔夫。当你在游戏开发方工作时，那就开发游戏。当你面对的团队成员在想着某些关键功能却提出会不会太难或者无法出色实现时，那不妨提醒他"该果断时要果断，别想太多。"

让团队聚焦在游戏的开发完成以及游戏体验中最主要的承诺，这种对目标聚焦就像高尔夫那样——用最少的杆数，让每一杆都更接近终点，最终完成赛程并赢得比赛。

要构建金字塔就需要宽阔的地基

古埃及人在建造金字塔的时候，他们懂得如果要把金字塔建得高，那么地基就要广阔一些。这也同样适用于游戏开发。要给予团队制作出出色游戏的机会，就必须为团队打好坚实的基础。

这一切要从一个清晰、明确的文案开始。文案中要清楚地写着："游戏体验承诺"，然后在你的团队会议上强调这个问题。游戏销售得好与坏可能也就差在三五个功能上。如果你把赌注都压在一个游戏功能上，那么你就会只关注这一个功能。只注意游戏中的一个元素无疑增加了项目风险，而作为制作人你在管理控制风险上就是无效的。只有在开始阶段便使团队集中力量制作三至五个关键功能，你才能确保你的游戏基础足够大。

有一点很重要，那就是要记住金字塔是由四条线向上延伸最后交织在一个点上的，由此看来，在游戏开发过程中，你应该注意多个游戏功能的实现，因为这是游戏的卖点所在。

质量保证

作为内部制作人，产品最终的质量取决于你的指令。没有比制作人对产品的直接影响再大的了。制作人工作的关键点就在与你要经常问："这已经是最好的了吗？"

在制作《家园》的时候，艾利克斯·哥登和罗恩·莫拉瓦克总是要求更高标准的质保检测，甚至到了游戏制作的最后八个月，所有游戏部分合成在一起，他还在问："这是最好的了吗？"

在游戏制作中，一定要以严格的标准要求游戏质量。

对于制作人的一些建议

制作人的工作是充满挑战的，有些制作人在工作中会掉入普通陷阱，下面是一些防止你也掉入陷阱的建议。

让团队的工作方向保持一致

在一些制作周期较长的项目中，团队里几十个人分别负责着不同的工作，很可能会出现工作方向不一致的现象。所以制作人需要时常把握工作方向。

稳定与信心

当你在管理一个团队或者是处于任何的领导位置时，切记要控制你的情感。如果制作人情绪失控，那么团队必然会乱了阵脚。制作人作为团队的领袖，一定要给予团队一种稳定、充满信心的感觉。把你的负面情绪发泄在体育馆或者心理医生那里吧。

勇于承认错误

没有人能够不犯错误，俗话讲人无完人。在游戏制作中，人人都会犯错误，制作人也不例外。但是错误不算是严重的问题，而如果犯了错误碍于颜面而不敢承认才会铸成大错。而往往严重的错误就导致严重的后果。制作人要勇于承认自身的错误，这样团队成员会理解，并且对你的信任度会有所提高。

要客观地评价游戏

制作人要能够客观地评价团队的工作和做出的作品。客观指出而不掺杂任何感情因素。有些制作人出于担心项目被取消而不能客观地评价游戏的情况，这样会造成更严重的后果。如果游戏中哪个部分做得不尽如人意，要去准确地评估问题所在，从而有的放矢地对其进行修复。

如果游戏处于制作瓶颈阶段，要充分考虑解决问题都需要哪些条件，然后向你的管理人员汇报细节，决定这个有待解决的问题是否值得去解决，如果不值得解决，那么要将其取消。

别低估一些特定流程，也别矫枉过正

一些特定的流程在视频游戏开发过程中是用来降低风险和不确定性的。任何创新都是必然充满风险和不确定因素的。因为这些原则都是直接对立的，因此制作人必须寻求最合理的平衡方法。只要有时间有机会就该把值得实现的最酷的功能和最棒的意见建立起你的"愿望清单"，但如果这些功能和意见是偏离你的设计或者最终对产品开发时间增加无法接受的风险的，那就千万别去许诺要实现这些功能。你要评估各条意见的灵活性和可行性，然后形成一份实现用的计划。

要意识到你不总是能给出准确答案

制作人在工作中要去解决很多问题。如果游戏开发过程中不存在问题的话，那么要制作人还有什么用？无论怎样，有一个关键的问题需要牢记，那就是当遇到问题、困难、挑战或者团队工作出现的问题需要你来解答的时候，不要轻易地下结论。如果你想给出准确答案，那么你最好之前仔细考虑一下。或许可以问问其他人的意见。

不要过分限制团队工作

制作人最容易犯的错误就是过分管制团队的工作自由。尽管严格的管理在一些情况下是必须的，但是多数情况下不要太过于限制团队的工作自由。要与团队各部门的负责人及时沟通，要信任他们的工作。不要亲自去做他们范畴的工作，因为有些专业领域你还不是很确定。只是把工作的大体方针贯彻给每个部门，而具体的工作是由他们来完成的。制作人只是起到了把持工作大方向的作用。给专业人员工作的余地，让他们有充分的工作自由度。

别把注意力放在与游戏开发无关的事情上

虽然与市场部门合作做一些很棒的宣传片，或者和作曲家一同做一首好曲都是很有趣的工作，但除非你被专门派到这些职责上，否则别去承担这些工作。把你的精力放在游戏制作本身上。想方设法去让产品取得成功，并在这个基础上提升。你的终极目标是把产品带到终点，至于剩下的工作只要在需要你意见的时候给予反馈即可。

提示

在第八章"日常工作常用工具"里，你能找到内部开发团队中工作的一些更有用的日常指南。

内部（第三方）制作人

外包产品开发或者与第三方开发人员合作有其独特的工作难点。本节包含了一些相应的普遍规范，确保第三方开发负责人能够高效地使用人力资源。

对于已经完成的游戏设计

无法让产品按时交付的主要原因就是在设计方案还没完成时就开工了。虽然在项目开始的时候很少有设计完成的情况出现，但是本节还是就这一情况给出一些建议。

如果没有完整的设计文档那么技术设计文档就无法完成。制作人需要预测并且了解本月的和下个月的开发进程情况。如果没有审查这个过程，你就不会知道开发人员在制作功能的时候已经落后了，因为你不知道所计划的功能。这对于制作人来说就很危险了。

游戏的设计文档应该是描述完整的，但是也不是说文档从头到尾都不需要更改了，有的细节可以在过程中增添上去，与游戏运行无关的功能就可以删去了。要让你的设计人员先把大概框架设计出来，然后再填入细节信息。

如果设计文档在制作前无法完成，第一个项目里程碑应该以完成设计为主。

游戏设计文档应该是可以描述出一个完整且可发布的游戏的文件，但这并不代表这个文档在开发过程之中就不再改变了。在文档中是可以加入各种细节的，各种功能也可以修改和改进，同时一些不必要的部分也可以删去。可以先让开发方作出一份最初设计，然后再加以修改，而并非在初始文档中就进行完整、细节化的设计。

设计文档应包含如下内容：

* 对于游戏的完整描述
* 游戏所有元素的描述
* 按一定的格式书写，这样其他工作人员能够看懂
* 信息完整
* 把玩家能够操作的所有动作进行描述

对于完整的技术设计

需要包含完整的引擎功能清单，描述主要数据结构。具体如下：

* 描述引擎功能
* 防止功能衍生
* 经过专业技术人员评估

接受里程碑

里程碑的接受过程也是出版方审查上交的工作情况的过程。如果里程碑做得足够清晰、明确的话比较容易被接受。如果里程碑制作模糊不清，那么接受过程则会成为一个比较繁琐的过程。

* 如果你的里程碑被接受或者被拒绝都要手写一封回复信。使用附录 A 中给出的样本来完成回复信。
* 给予准确且详细的反馈。当你在拒绝一个里程碑时是特别关键的，你还需要对交付的内容进行更新修改。在这种情况下你应该先认可里程碑，同时给予详细的反馈，说清楚你希望在下一次里程碑交付里看到哪些修改和调整。
* 了解合同中的支付条件。确切了解需要多少资金，开发方该在何时收到钱。通常这是在里程碑交付给出版方的 30

天后，目前大部分开发方都会在提交里程碑的 2 周内拿到钱，但这是看情况的，不同出版方情况不同。

* 了解合同中的认可条件。制作人在收到交付进行评审时往往有 10 天的时间去决定对里程碑是认可还是拒绝。10 天对于评审里程碑且完成一份详细的书面意见来说是很紧的。这里的关键在于里程碑的评审要迅速进行。在大多数合同里，合同里暗含着假如你不对开发方写一份书面的拒绝通知，那这个里程碑会被认为是认可的。因此，就协议的条款来说，假如制作人没有及时对开发方进行书面反馈，那出版方必须要给开发方一笔费用了。

* 除非里程碑得到出版方管理层的认同，否则不要支付部分费用。尽一切可能去避免对里程碑支付部分费用。除非里程碑里所有条项都完成了，否则都不应该对计划的交付项进行支付。

* 在里程碑经由你的上级评审和认同前，千万别把里程碑的相关款项打到对方账户上。

* 高管必须认同项目的 Alpha、Beta 和最终的里程碑。这里包括了质保部分的需求。

* 技术总监应该评估关键的技术方面里程碑。这是至关重要的。往往制作人只会看一下书面和视觉呈现的东西。而技术是骨架，设计和美术是皮肤和毛发。所以对制作人来说，关键是他或者其他人能了解皮肤下层的骨架。

* 出版方的美术总监应该评审美术相关的里程碑，提供重要的反馈，帮助开发方的美术人员达到出色的水准。

每三个月进行一次里程碑重新预制及进度表预设

经常进行里程碑复审、预制是很重要的环节，当制作人能够得到相对准确的进度预测信息时都要重新预制进度表及里程碑。比如一个项目为期 18 个月，很难预计程序人员在项目进行到第 13 个月时会做什么工作。通过逐步进行进度预测，会相对精确地预计项目进展情况。

使用 Microsoft Project 来跟踪制作任务所需要的条件

在游戏制作过程中，很多任务都需要有其他任务先被完成作为条件，就像要先拧开瓶盖才能喝到里面的水一样。比如模型制作需要在关卡的视觉设计完成的前提下才能进行。

Microsoft Project 可为用户提供跟踪任务所需条件完成情况的功能，要确保开发人员拥有类似的项目进度系统以便于计划工作。

步骤演示

下面这个例子能让你了解如何去评估一份对方提出来的里程碑计划的灵活性，同时还包括如何去判定里程碑的定义是清晰准确的。

1. 分析当前的设计文档，看看还需要哪些额外的设计材料。例如你对你游戏的设计还存在任何疑问，那你需要让他们把这些疑问都解答清楚。

2. 写下设计流程中还需要进一步完成的里程碑。确保把各种预见到的细节都细化到最小单位了，例如界面、原画、多人玩法等等。

3. 写下技术设计部分剩下还需要完成的里程碑。这里的目标是得到一份功能清单。你需要开发方能在正式开工之前谨慎考虑他们开发的技术部分。谨慎考虑每种功能和游戏设计的相关情况。你可以用引擎元素（我们会在后面进一步讨论）来作为检查清单，以此来评审开发方的交付情况和开发进度。

4. 假如可行的话，在设计流程的最后加入一个里程碑来重新评估整份里程碑计划。这其实是你和开发方应尽的职责，因此确保里面预留了充分的计划时间。

5. 把你手上有的所有设计材料都尽可能拆分成一份详细的任务清单。例如，假如你有游戏中一个关卡的整体设计，那你的任务清单可能就包括"设计视觉风格"、"关卡建模"、"关卡贴图"、"关卡光影"等。这是得到一个成品游戏需要完成的所有任务的清单。你应该囊括进尽可能多的细节。

6. 在技术设计文档中重复第 5 步，直到建立起一份编程任务清单。

7. 把第 5 和第 6 步得到的清单的任务分解成一个个组别，每个组别都需要花 1 个月来开发。

8. 利用第 7 步分出组别的任务，建立一份粗略的里程碑清单。假如合适的话，你可以把设计和技术任务清单中的元素组合在一起。例如在某一组里，可能开发方要完成关卡 1 的建模以及实现地形引擎，所以该月的里程碑应该是在地形引擎中展现第 1 个关卡。

9. 总体看看你的里程碑清单，把其中任何模糊不清的语言都去除。把它重新写一遍，赶到在你脑海里每个里程碑都不存在任何问题了。让一个同事帮你复检一遍，因为你对它已经太熟悉了，以至于很难看出其中的问题了。

10. 基于你的里程碑清单来定计划。你可能在完成了项目计划后需要再回到里程碑里修改，这具体取决于你的计划的详细情况。

11. 与开发方一起坐下来，一项项地复审打印出来的合同计划项（我倾向于用 Microsoft Project 做出来）。这种面对面的会议能刺激双方一起思考，让你们能在里程碑计划敲定之前看到一些意料之外的情况。这能有助于开发方真正物有所值地为你工作。

结束语

制作人的确是个非常具有挑战意义的角色。每天要面对无数问题和困难。幸好我们在书中的一些建议能够帮助你完成工作。我们所介绍的方法并不是唯一的，更好的方法会在工作中摸索出来。

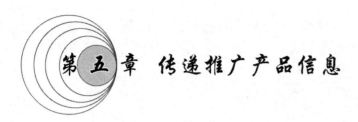

第五章 传递推广产品信息

几乎所有的游戏开发项目都是由一个最初的设想演变而来的。某一个游戏概念，为什么这个游戏概念好玩，为什么会有人在这个概念上投资，决定了这个项目的成功与否。本章主要讲述关于产品介绍的一些重要组成部分以及如何传递推广你的产品信息，从而确保你的重点概念能够成功地植入游戏。成功的产品介绍主要包括两个方面，第一是向出版人提交的方案，第二是向出版方介绍产品信息。在本章中，我们所说的方案是指制作一个关于游戏信息的文件，然后上交给出版方。产品介绍指在与出版方举行会议时发到出版方工作人员手中的文件。本章的前一部分我们从开发方制作人角度来说说如何处理与出版人的业务。后一部分我们从出版方制作人的角度来阐述其在工作中应考虑的问题。

提示

本章阐述了开发型制作人将游戏最初概念交付给出版方的步骤。这个阶段的工作既是比较常规的，又是富有挑战的。

极具吸引力的产品形象

大多数游戏出版人都会把工作的重点放在自己的品牌发展

上，如果他们要为一个品牌进行投资，他们要评估该品牌的长远发展前景。以下是一些比较成功的品牌典范：

* 命令与征服系列
* 超级玛丽及玛丽兄弟
* 神秘岛
* 博德之门
* 托尼霍克
* 侠盗猎车
* EA 体育系列
* 极品飞车

上述的每个品牌都是先由一个简单的概念出发最终扩大发展到系列游戏的。但是这些游戏从初始阶段较小的投资规模逐渐发展到上千万美元左右。那么如何能让你的产品构想概念获得尽可能多的投资呢？关键就在于产品的介绍推广，让投资人相信这个品牌能够做大。

尽管初始游戏概念提案不需要把品牌发展的详细计划都列出来，但是出色的产品介绍是必须的。这可以确保你作为制作人能够了解产品品牌在长远战略意义上的发展路线。以下内容须要写入产品介绍中：

* 目标定位
* 价格
* 平台定位
* 学习曲线（玩家上手的困难程度）
* 游戏类型

研讨产品的目标定位是否符合该游戏的类型，假如制作一款赛车类游戏，那么它的目标市场定位就该在 18～35 岁的消费者中。还需要考虑产品价格是否适用于目标市场的购买力。比如你的游戏价格定位 59.99 美元，如果出现了类似的游戏卖 49.99 美元，那么在价格上，你的产品就没有优势了。游戏平台的定位也对产品日后的发展起着重要的影响作用。一款即时战略游戏就不适合在 PS 或者其他平台上玩，因为这种游戏需要键盘来进行复杂的操作，因此即时战略游戏的平台定位应该在 PC 上。学习曲线是指玩家需要多长时间来学习玩这个游戏。最后，游戏类型也是十分重要。什么类型的游戏适合什么样的玩家等等。这些问题都须要重点论证。

尽管出版方面不需要制作人把这些情况全部了解，但是为了工作效果，制作人应该站在出版人的立场上考虑问题，这样才能尽可能地做好产品的介绍推广。

制定一份提案

"你须要通过对你要制作的游戏其独到的功能特点进行描述，从而销售游戏的概念。而并非介绍艺术风格或应用技术。如果高概念文档能够捕捉到真实准确的游戏概念，那么你的产品才会找到合适的定位。"

——克莱德·格罗斯曼，Interactive Studio 资深合伙人

在制作产品提案的时候是没有什么捷径的，本书只是用过去成功的经验来为你指导一种方法。也可能有些方法不管用，你须要根据具体情况来灵活运用方法。本节主要讲述初始提案的相关问题。

任何初始提案都需要把游戏的概念想法以及发展前景清晰地表述出来，最后还要阐述产品对于市场预期的计划。与此同时，制作人还要考虑这个计划所需要的资源、时间、人才等等问题。最后还要阐述这个产品的潜力，能够卖出很多拷贝，可以做成系列产品等等。

争取出版方满意

要争取出版方满意你才能开始你的计划。第一步要做的是在与出版方会晤时要宣读你的提案，从而保证出版人能够完整地获悉你的方案。

提示

以下列出的争取出版方满意的几个步骤是从罗格·费舍尔和威兼姆·尤里所写的 *Getting to Yes：Negotiating Agreement Without Giving In* 一书中摘录的。

首先，初始的提案要能激起出版方的兴趣和好奇心。尽管你可能已经对这个创意满怀兴奋了，但出版方是还没了解到这点的。你须要把你对这个产品的热情和激情都表达出来，使表述富有感染力。其次，假如你此时在和出版方面谈（例如 Activision），那要牢记他们（像大多数出版方那样）只会关注能否建立品牌，所以你要了解他们感兴趣的品牌是什么。Activision 可能对交互式的音乐游戏（例如 Wii 上的《桑巴沙锤》）没什么兴趣了，但可能会对一个第一人称射击游戏的提案很感兴趣。因此，从你的提案里必须很清楚地提出它是如何能发展成一个品牌的。假如你做到这点了，那就核对一下出版方现有的品牌，清楚地说明为什么你的产品会符合它自身已有的品牌业务线，最后而且最重要的一点是，你的概念和提案需要传达出一种独创的游戏玩法概念。它不应该是一种"极为大众化"的方案，你描述的游戏玩法不应该仅仅是"更好、更多、更快、更深入"。

要记住出版人在听你的方案的时候是很淡定的，尽管你对你的计划充满了信心，你很兴奋，但是出版人想到投资的时候总是很冷静。所以你要尽全力来唤起出版人的激情。这时你还要考虑出版方的投资倾向，比如你想和动视公司合作，那么他们是不会对互动音乐类游戏感兴趣的，所以如果你想开发一款第一人称射击类的游戏，你可能和动视进行合作。而最重要的在于你向出版方传递你的游戏概念时一定要特别。要有足够的说服力。

形式服从功能

你之前也许听说过这个规则，特别是与艺术家和创意提案打交道的时候。与此同时，提案和展示也须要遵循这个原则。你要了解你希望通过提案达到什么目的，然后建立一份能帮助你达成这种目的的提案。文档的功能和目标塑造出它采用的形式。假如你做的是像《死亡医生》那样的电视节目的游戏，那提案可能就要采用电视节目剧本的形式了。

当我们在考虑《神秘岛》这个品牌在将来的开发计划时，我们收到了多个开发方投来的提案，但获胜的一份提案是来自于加利福尼亚州圣地亚哥的一个叫做 Presto Studios 的制作队伍。他们的提案包含了一份技术性的 DEMO，一份列出了各个商业点的商业文档以及一份以《神秘岛》的"德尼连接之书"的形式表现的创意文档（以羊皮纸和手写体呈现的）。这让人印象很深，它引起了我的注意，也引起了整个高管团队的注意。它表现出这个团队是理解该品牌的，是了解冒险类游戏的，并且他们承诺能出色地把体验的细节以现实呈现（这正是消费者购买《神秘岛》这个系列的一大原因）。后面就无需多说了，他们签下了合同，着手开始品牌里的一个新的产品，最终开发出备受赞赏的《神秘岛3：放逐》，所有这些很大程度上源于他们巧妙的展示和对市场的理解。

你应该把提案和展示的重点放在团队的各项优势上。假如你的团队是技术驱动的，有着一些出色的案例和技术 DEMO 的，那最适合解释和传达出这种优势的提案可能是一种非传统的特色鲜明的形式。假如你的团队有着出色的创意和美术能力，那就在字体、标题以及整体页面设计排版上精心制作，以此来支持你的概念。但也要避免过于花哨的设计，这样会让可读性下降，且难以把内容说清的。

了解你的交流对象

当与来自日本的出版人合作的时候，他们通常只能流利地说日语，因此语言的问题就需要在提案中尽量使用数据和插图，尽量少用英语。尽量了解当地的文化，了解你将要合作的人的喜好等等细节的问题有助于交流，有助于产品的推广。

注意主要元素

以下是把提案分解为几个重要的元素：
* 一个关于游戏的描述。
* 一份开发计划以及团队的工作能力概述。为的是说明团队有实力完成项目。
* 游戏卖点阐述以及开发原因。

游戏的描述是游戏开发提案的关键部分，需要靠这个部分来向出版方传递产品信息，说服出版方投资。

重点阐述产品的初始想法，制作人应该了解这个游戏的主要受众群，消费者为什么会购买这款游戏。出版人会问你谁会买这款游戏以及这款游戏能买到什么程度等等的相关问题。

出版人最为关切的是游戏能够为他们带来多少收益，你的游戏好玩并不代表能带回很大的收益，这才是关键问题所在。所以游戏的创意非常重要。

提示

并不是所有新游戏都会大卖的，即使是对一个过去曾经成功过的团队也一样。就以《大刀》（Dikatana，在 2000 年发行）这个游戏为例，它是由 Ion Storm 的约翰·罗梅马亲手打造的。这是一个有着很酷很有创意的游戏，开发团队很厉害，但缺乏执行力，结果它达不到商业成功的标准。但他们过去的成功的确让团队得到了开发合同。这里的问题在于执行力上。

提案需要阐述的另一个关键问题是如何根据游戏来确定市场情况，人们买这个游戏的理由。你要以客观的态度来评述，比如："这个游戏会卖得比较好，因为目前市场上没有同类的游戏。"或者目前冒险游戏市场只允许有一两个领军游戏。并且在陈述的时候列出具体数据来说服出版方。

详细地描述游戏的体验和精华。建立一张销售传单的样例，这样能有助于阅读的人了解游戏的描述和设计，知道将来最终的产品应该怎么卖。一个游戏完整的创意设计描述往往是一份冗长乏味的文档，因此对游戏的描述应该以简明且吸引人的方式呈现给出版方。

当然，提案里最重要的部分在于它必须能表现出你的团队有能力且有资格去开发这个游戏。

语言清晰明确

由于出版人手中往往有许多项目提案，他们也在寻找较好的投资机会。所以能够清晰地传达你的项目提案，能够吸引投资就变得十分重要了。再有就是出版人只有比较有限的时间来阅读你的提案，分析你的计划。为此你的提案或者推广的语言就须要非常简洁且表意清晰。

通常好的项目提案一般不会把一些游戏设计的具体细节进行深度阐述。一般要先分析市场情况，因为出版人一般会比较重视他的投资是否能得到高回报。如果这一步做得好的话，你很快就会得到叙述具体设计细节的机会。

在陈述中要避免过于夸张的表述，不要做过大的承诺。你的提案文件的目的是要吸引出版人的注意，然后当他们问及某个细节时再向他们进行细节陈述。

要记住，完整的设计方案、预算、进度计划一般都是出现在后续提案中，初始提案主要是吸引出版人的注意，勾起出版人的投资兴趣。

让副手和执行管理人员接受你的方案

所有的制作人都由他们的上层监管人员进行管理。本节主要讨论从出版方制作人的角度出发如何进行工作。对于出版方制作人来说，在项目开始阶段的最大困难就是是否能够确定执行管理人员对于项目的信心。也许你会认为让执行人员接受是最大的困难，但事实上当他们接受之后你的困难才真正来到。

作为出版方制作人，向团队进行产品介绍推广是个比较重要的环节，对于任何一个独立开发商来说也是很重要的。你须要对自己的创意想法进行测试、研讨，在开始项目前一定要确保项目的可行性。

在把你的提案提交给执行团队之前须要做一些准备工作。

了解执行人员的目标

执行管理人员的目的很明确，就是确保公司企业的投资和资源能够高效利用，能够得到丰厚的回报。在斟酌资源分配的同时，执行人员还要考虑他们投资的项目风险是否平衡，是否在可接受的范围之内，确保风险能够被有效地控制以及投资是否能够得到有效地配置。

将复杂的工作分离开来

要将许多细节工作分离开来。在展示提案的时候可能会出现一些矛盾和困难，这时你可以将这些混在一起的工作条目分离开来，分开之后这些工作变得清晰且易于管理。执行管理人员如果看到混合在一起的风险问题时很可能会拒绝你的项目提案。

在分离工作条目的时候做一份风险的分析评估报告。比如出现了一个设计方面的风险，你要制作的游戏类型是团队之前没有做过的。如果把整个设计风险一起看的话很可能会让执行人员丧失兴趣，但是把这一系列问题分解开的话就好多了，你可以把原型制作的时间延长、设计的时间延长等等。

关注普遍兴趣

通过了解大家的普遍兴趣来中和提案的侧重点。要斟酌各个方面的利益与重点。

把重点放在出版方和开发方的共同利益上。然后让提案能吸引高管对这方面利益的兴趣，例如新的产品线、对已有的品牌进行扩展。

通过不断展现公司和高管的共同利益和共同目标，你能增加提案被接受、认可的机会。你要避免在提案里提到哪一方会特别获利，以此避免落入非赢即输的概论里。

给予若干选择

为了确保提案能够得到支持，须要设立几个风险与收益关系的选项。然后确定一个可能会被出版人接受的选项，然后根据这个被接受的风险收益关系制定一个能够被接受度的范围。

列出客观标准

假如你是出版方制作人，一种能够得到开发方高度赞赏的方法是列出你评判提案和概念的客观标准。这套标准包含了功能清单、计划能力、整体成本等一系列指标。通过最初展示的清晰明确的一套客观的标准，你能更容易判断和理解管理层的期望，也能让这份提案满足公司的内部标准和目标。尽管高管可能有着各自公司的标准，但确立并呈现你自己的标准能有助于决策者把你的标准考虑在内。

这也表现出你做过功课了，你的各种论据都是有一定可信度的。不过每个出版方对原型呈现和游戏开发机会都有着自己的规则和流程，所以你至少要遵循这些大原则。

假如你是开发方制作人，利用这种客观标准的方法去评判你的提案和任何提交给出版方内部评审团队的展示材料。你可以与出版方的代表共同确立标准，如此你就能为团队建立原型和其余的展示材料定下清晰的目标了。

准备一个有吸引力的产品介绍

本节主要讨论如何准备产品介绍，尽管在这方面没有一个严格的准则或者规定，但是在本节我们列出了一些范例可供大家参考。你不必把下面的所有内容都写入你的产品介绍，但是你最好在用它们之前就把这些内容准备好。这样一旦需要就一些细节问题进行协商的时候，你可以马上拿出这些早已准备好的材料。

与代理人合作

找一个代理人来协助你将你的产品信息传达给出版方，这样做有很多优势所在。克莱德·格罗斯曼，一位业内资深代理人概括了以下几点寻找代理人完成任务的主要优势所在：

* 代理人对于出版人的需要比较了解
* 代理人对于市场的情况比较了解
* 代理人可以协助开发人员重点关注游戏概念的相关问题，帮助开发人员作出重点决策
* 代理人经常做产品介绍，业务熟练
* 代理人可以帮助开发人员解决一些专业技术方面的问题
* 代理人可以协助谈判和协商，谈判方面还是需要经验的

> * 在整个开发过程中代理人都可以提供帮助，也可以
>   在一些潜在问题出现前就及时发现它们并且将其
>   解决
> * 由于代理人操作过很多项目，所以他们可以轻易地
>   发现项目中的差别，可以在某些问题对项目产生影
>   响前将其解决
> * 对于风险的控制管理，代理人具备丰富的经验

游戏原型介绍应包含哪些内容

每种产品介绍都是不同的，不是所有的产品介绍都有相同的
文件。本节我来介绍一些范例。

提示

对于一款新游戏来说，制作原型是很重要的。它可以在开发
初期游戏尚未成型的时候，便使制作人员对于游戏的设计理
念有相对直观的认识。但是对于一款系列游戏的后继作品，
或者已经具备许可、成熟的引擎的游戏来说，制作原型的意
义就没那么重要了。

执行概要

以执行概要作为项目产品介绍的开篇文件是最为普遍的。该
文件简明扼要地介绍了游戏概念、游戏的大体想法、市场机遇分
析以及开发技术等问题，便于执行管理人员审阅。这个文件从框
架层面介绍了游戏产品的各项情况。

在执行概要中应包含以下内容：

* 产品名称：通过简单的标志或其他方式将产品的名称细节
  表示出来。还要附上公司名称。
* 主要工作任务：包括游戏平台的情况，制作工作概述等，
  要写清"概述"让读者明白这只是一个简要的说明。

提示

SKU 是库存量单位（Stock Keeping Unit）的缩写，它代表在零售商货架上能见到的单种产品。例如，倘若一个游戏是在 PC、Xbox 和 GameCube 多个平台发行的，那每一个平台上的每个版本都是一个 SKU。

* 引述：通过引用一些名言名句来增加概要的感情含量，这一条并非适用于所有情况。
* 情节：如果游戏情节是你项目的重点或卖点的话就将情节介绍一下。但是不要把游戏情节过于冗长地陈述出来。如果情节不是很重要就可以用一句话来简述。比如"一次对于未来的探索"等。有的时候越简明扼要效果越好。
* 游戏形式描述：包括一些游戏的重点部分（稍后解释），讲述游戏如何能将某种互动体验传递给玩家。
* 游戏的感染力：清晰地叙述游戏的感染力，比如一款即时战略游戏中运用了动态镜头来渲染战斗紧张的场面。用一些细节内容来陈述如何将互动体验带给玩家。
* 机遇：讨论游戏在市场中的机遇。如果某种先进的渲染技术可以为游戏带来新的优势，论证为什么这种技术会使游戏在市场上占据一定优势。如果这个机遇非常好而且与众不同，那么就详细介绍相关情况。

高概念文档

高概念文档概述了游戏的制作开发概念，包括游戏能为玩家带来怎样的互动体验。互动体验叙述需要生动的语言来描述游戏的娱乐效果。举个例子，重点描述如"超级玛丽 64，在崭新的世界中探索奇妙的领域，打败愤怒的敌人，战胜恐怖的怪物，在猎奇途中还有哪些棘手的谜题在等着你，收集金币……"陈述不能像这样："以第二人称形式，随着玛丽兄弟探索世界，救出公主。"现在你能看出来这两种叙述方式的不同了。

在游戏叙述中应该考虑如下问题：

* 要引发读者的视觉效应，比如用压抑的、低迷昏暗的，哥

特式的描述来体现黑暗的世界，用色彩鲜艳的、充满生机的感觉来引发读者对于美好世界的想象，从而让读者能够从你的叙述中仿佛感觉如同自己身临其境。

* 当描述游戏体验或者游戏风格的时候要联系目前的流行文化，这样比较容易在读者中引起共鸣，帮助读者感受到游戏所带来的感觉。比如一个恐怖冒险游戏《寂静岭》，可以用一种引述：当寂静岭遇到地狱男孩。

* 在你的游戏叙述完成后，继续描述关键功能，诸如特效、特技动画、吸引人的关卡设计，游戏音效、战斗场面等。重点讲述其中 5 个左右的功能特点。

创意设计

创意设计文件一般有 20 页左右，其中清晰明确地描述了游戏内容和游戏系统。当制作产品介绍的时候，我们建议准备好一份游戏创意设计的文件草稿。但是这份文件如果出版方不向你索取的时候不必上交给出版方。如果出版方对你的游戏概念比较感兴趣的话，再把这个创意文件交给出版方。

要注意，这份草稿不是最终的版本。因为根据初始产品介绍的反馈情况需要随时修改这份文件，所以不要在草稿上花太多时间，把注意力集中在游戏关键内容上，比如游戏界面、操作、游戏角色的动态反应。游戏核心内容概念和功能可以稍后再进行处理。

艺术制作风格指南

艺术制作风格规范可谓是产品介绍的调味剂，但是要记住游戏艺术风格是不能对销售起什么推动作用的。能促使消费者购买游戏的是游戏内容。

如皮特·埃尔森、克里斯·福斯、约翰·哈里斯等。《星球大战》、《银翼杀手》诸如此类的作品都是值得参考的。

要在其中阐述音效和视效是如何合成在一起的，以及如何能为玩家带来某种体验。介绍界面的情况、故事情节如何展开。此处最好使用滚动字幕或者语音朗读。

要知道如果没有特效的话游戏就没有那么好玩了。要重点描述游戏的特效情况，也可以展示一些动态范例用来演示特效。对于多数游戏来说，特效制作才是最消耗资金的工序。

技术设计草案，工具讨论

总的来说，在产品介绍中加入技术方案是没有什么优势可言的。首先，技术问题可能会导致提案被拒，其次技术方案很少能为产品介绍增光添彩。再次，这样做会花费很长的时间。

只是做一个简要的游戏功能说明即可，这样可以帮助读者理解游戏为什么会卖得好。列出简要的技术功能清单：数据输出、调试功能、渲染、特别 FX、网络、声音、过场动画回放、动画、人物角色合成等。然后简要叙述每个工具的情况，讲解为什么这个技术非常适合你的游戏。这些内容总的下来不能超过 8～10 页。

最后要包括一个完整的功能清单，虽说这样比较耗时，但是至少你可以将功能清单当做程序人员工作任务的雏形。

进度和预算

通常进度和预算报告都是与游戏产品介绍同步制作的。尽管将进度和预算加入到产品介绍当中有一定的好处，但是我并不建议这么做。我建议把进度和预算做出来但是不要和产品介绍一同上交，最好是等到你被问及相关问题之后再把预算和进度交给出版方。

在激起出版人的热情后再讨论有关于预算的问题。

* 整体预算和里程碑进度（月计）
* 出版人财务模型（稍后介绍）包括项目市场需求情况，引用数据进行说明
* 高层进度，展示接下来的开发进程（原型和概念复核、前期制作、制作、测试、母盘压制发售等）

制作原型及建立记录

如果你缺乏资金，你该如何制作原型？这里有几个办法。

方案一：可以把你的项目提案报给多个出版人，并且请求资金支持。如果你的项目够好，够吸引人的话，有些出版人会给你一些项目经费。

传递推广产品信息

方案二：你可以使用免费的引擎和工具制作一个原型，不要求质量多高，只是能够表达你的游戏概念即可。《半条命》在制作原型的时候就是运用了免费的工具和引擎。

要在你开始制作原型之前搞清楚你做原型的目的。最重要的是你的原型要做得好玩，并且可以贯彻你的游戏概念。

那么什么是建立记录？建立记录就是你提供给评估游戏的人看的记录。包括一些在其他游戏中见到的 readme 文件。

如图 5.1 所示，这是个游戏原型的记录文件。

在讨论过原型之后，我们要知道当在和出版人会面的时候如何进行产品介绍。在与出版人的会议上，最大的困难就是把游戏的介绍准确地传递给出版人。

产品介绍

如果你想在这个阶段取得成功，看看下面的内容：

知道人们的名字和职务

在召开产品介绍会前要弄清楚与会人员的姓名和职位对于产品介绍会是很重要的。

别把重点放在故事情节上

我经常听业内出版人士谈论有关产品介绍会的一些情况，当我问介绍会开得怎么样的时候，出版人总是抱怨："他们犯了典型错误，他们总是在说游戏的情节有多吸引人，还有玩家们会被这个故事情节吸引等等。"

不要犯类似的错误，你要阐述的是这个游戏有什么样的销售潜力。

要为出乎意料的事件做准备 ——《死之医生》

我刚刚参加工作的时候是在 Spectrum HoloByte，当时我负责安排产品的递交和评审会议，当时我们收到的其中一个产品是如今家喻户晓的《死之医生》（*You don't know Jack*）。当时正值其原型阶段，看起来和现在的零售版没有太大的区别。当产品展示结束后，评审团就该作品重新进行了一番讨论。人们对它都很好奇，不知道如何推广这个产品，因为它太特别，太出人意料了。

```
*****************************************
* Broken Saints by Gnosis Games        *
*****************************************

Install details:
---------------

The game requires UT2003 and the BonusPack to run properly. There will be
shortcuts created to assist in starting the game.

Please select the folder in which Unreal Tournament 2003 is installed!

This is commonly "C:\UT2003".

Minimum Requirements:
---------------------

OS: Windows XP or 2000

CPU: 933MHz or faster

RAM: 256MB or more

Disc Drive: 16x or faster CD/DVD drive

Hard Drive: 200MB of free space

Video: DirectX 9 compatible video card

Input: Keyboard, Mouse

Preferred video cards:

GeForce 4 Fx/ ATI Radeon 9800 - Or greater

Controls:
---------

<Movement> -------- A and D are used for turning left (A) and right (D).

<Movement> -------- W and S control moving the player forward and backward.

<Fire weapon> ----- V attacks.  Only during vision sequence.

<Action/Use Item> ---------- Space bar.

Known Issues:
-------------

•      When players open crates in the first bunker room, the camera does not
look at the items players can pick up.

•      After players open the crate across from the main entrance, the camera
shifts to an off-kilter angle.
```

图 5. 1

这个产品没有归入公司感兴趣的产品类型中。不幸的是，Spectrum HoloByte 公司最终放弃了这个产品，而独具慧眼的 Berkeley Systems 公司抓住了这个机会，之后，这款游戏赢得了巨大的市场份额。别的公司只有后悔。

直入主题

如果我读一份产品介绍，上面写着："尽管我不指望你先看到这个，但是它只会花你一小会儿时间来了解游戏内容。"我一定会感到这个介绍文件写得非常可笑。成功的原型或游戏产品介绍会让你在 90 秒内就领略到游戏的内容。如果原型演示 5 分钟还没有切入主题的话那么这个计划就是失败的，更不用说日后的开发了。要注意你的原型一定要直入主题直接演示游戏内容。

不要试图催促公司

尽管很少有人会进入你的办公室，然后告诉你他们对于你的业务比你要熟练，但是这种人确实存在。不要做这样的人。注意你的言行，要把注意力集中在积极有利的方面而不是公司之前有过什么失误等等。没有一个人或一件事物是绝对完美的，翻旧账只会带来负面影响。

尽量用实物展示而不是语言叙述

如果你想让你的项目取得进展，那么就要遵循这个原则。如果你能够展示图片或者视频那么就不要用语言来陈述，要知道一幅图胜过千言万语。你可能会告诉你的经理，你的副手或者你的出版人："这正是适合做这个项目的团队。"这样说是没有含金量的，取而代之，你要试图展示团队强大的原因："我们的前两个游戏做得十分成功，市场销售量可达……我们受到了游戏玩家的广泛好评。我们的工具能够让玩家自己制作一些模式，我们最大的成功在于我们的在线游戏每天有无数名玩家在线游戏。我们的产品在业内也受到了广泛好评。"

关注技术方面的问题

如果说原型所包含的主要卖点在于先进的技术，那么就把这些技术做一些说明。讨论这些技术的特点，比如特效方面等等，这也是宣传游戏的优势所在。

许可

如果你的原型所使用的工具或素材都已经拿到了许可，那么就要利用好这些许可。要深度挖掘这些许可可以怎样深度利用，能为游戏乃至品牌带来怎样的优势。

了解相关数据

要根据原型了解一些开发相关的数据，比如经费。要了解如果继续开发需要投入多少，乃至整个开发过程需要投入多少。出版人投资方有他们自己的投资标准以及风险评估体系，所以你要了解出版人的底细。

做一些市场方面的调查

只有少数游戏每年能卖到一百万个拷贝。就是说你的市场预测不能像侠盗猎车手那样自信。你要以平均销售水平作为参考，这就需要你对市场有一定的调查了解（包括欧洲市场和北美市场）。要尝试把你的原型的功能与竞争对手的功能进行比较，分析各种销售情况。

产品介绍的快速制作清单

如果你在期限内没有做好产品清单无疑等于自杀行为。下面是一个快速产品介绍清单：

* 测试游戏试玩并提供工作硬件。永远别指望出版人能给你提供硬件，这都得靠你自己解决。

* 把游戏内容做成视频。为你的展示准备好一段视频以防万一。这段视频应该能展示游戏玩法的精华。它是用来避免有人想玩一下或者把游戏呈现给其他人，却遇上一个不具经验的玩家，此时可以通过视频来展示。它还能确保无论出现什么情况，你手头上都有一份能用的游戏玩法展示材料。

* 清楚让哪个人去介绍哪一部分。当你带上团队一起去时，确保清楚这些人的分工，了解他们各自展现哪方面的内容。你应该建立起清楚的指南，确定谁来回答商务、技术、创意以及制作相关的问题。把这些问题按主题区分开，并分派到每个领域的专家身上，且一直坚持这种分派

原则。

* 带上备份文件。确保你对所有的文档都在 CD 介质上备份好，假如可能的话也备份好整个原型。这样在到时候会很管用的。你甚至可以对电脑的整个系统盘做镜像，原型是安装在这个盘上的，然后把镜像刻录成 CD 碟，这样到时候你就可以快速安装了。

* 熟悉你的主题思想。你要在睁开眼、闭上眼，乃至呼吸的时候都想着你的精要陈述，把你的精力放在一遍又一遍地解释游戏玩法的精要陈述上。

* 排练。在真正展示前至少先把它练习 3 遍。毫无疑问，通过这个步骤能排除太多细小的错误了，这能确保最终的展示是顺利有效的，就像前面准备好的原型那样。

为难以回答的问题做好准备

Relic Entertainment 的首席执行官艾利克斯·哥登给了我们一个很有价值的建议。尽管我觉得自己往往都准备得很好了，脑中有了所有问题的答案，也觉得几乎没有什么问题是我没想到的。但是艾利克斯往往都会向我提出新的难题。而且这些问题的确是我之前从未想过的。有一次，在我的一次面向出版方的重要展示会的前两天，他给了我一个很好的建议："坐下来，写出 5 个关于这次展示最难的问题。然后把他们发给我，我想在展示会开始前看看你的答案。"这绝对是个很棒的方法，因为在随后的展示会上，我被问及的 5 个最难的问题中有 4 个是我事先准备的。

以下列出了一些问题，便于你在会议前准备。

问题：假如这款产品通过的话，你预期它会在什么时候完成呢？你有多大把握？

回答提示：这个问题几乎没有正确答案，可以把重点放在你对各项任务分别的掌控上，你的团队会通过怎样的组织形式来达到预期完成时间。

问题：你认为这个产品有哪些较大的风险？如何解决？

回答提示：此时，你就拿出风险管理计划（见附录 D），阐述这些问题。

问题：如果我们希望明天就开始项目，你的团队已经具备合适的人员了吗？

回答提示：回答这个问题，一般很少是"是"的，一般团队都已经形成模式了，是从一个项目，转移到另一个项目，并且团队的规模是不断变化的。

问题：你的项目的成本为什么这么高呢？

回答提示：这个问题要让参与预算计划制作的人来回答，有一种通用法则可以使用，那就是每个人需 1 万美金。如果你的团队有 20 人，那就按每月 20 万美金来计算。项目开发时间越长，项目成本越高。

问题：这个游戏产品在竞争上面临的最大困难是什么？

回答提示：引用产品竞争分析，通过你对于市场的分析来应付这个问题。

结束语

开始一项崭新的项目，要记住成功的游戏产品都是有丰富的经验做支撑的，幸好我能够把一些经验在本章中与你分享。

第六章 游戏设计与游戏制作人需要了解的相关知识

尽管说制作人这一角色在开发过程中不必对于游戏的设计掌握太多专业性知识，他的工作重点应该放在找到最为适用的游戏概念，从而领导团队按照既定方案进行开发。但是制作人须要确保团队的工作能够匹配游戏设计概念。

本章主要讨论制作人在处理设计方面问题的一些方法以及如何配合游戏设计人员进行工作。在这个过程中，制作人需要了解一些游戏设计方面的基础知识，从而确保最终的产品能够具备较高的水准。

制作人能设计游戏吗

要想具有双重身份——既是制作人又是首席设计师，的确是个比较大的挑战。每一种身份都有他们相应的职业需要和行业规范。而且每个工作都是全职工作，特别是在游戏开发行业，制作人要负责整个产品而设计师要负责游戏设计。

无论怎样，这不代表禁止制作人参与游戏设计方面的工作。有一些设计方面的工作是需要制作人参与的，因为制作人要保证设计概念的贯彻，能够带给玩家预期的互动体验。

制作人与游戏设计

事实上需要制作人参与的设计方面的工作还是比较多的，但是具体情况要根据每个公司的具体情况不同而定。如在 EA 公司，有些情况下，如果设计人员人数很少的时候，制作人也需要参与到设计中来。

制作人能否参与游戏设计的另一个决定性因素就是你将要开发的游戏类型。比如你要开发的是一款角色扮演类的游戏，需要很多专业性很强的工作，那么让制作人来参与工作其风险就比较大了。如果是个赛车类游戏，其设计方面不需要太多的专业技能的话，就可以由制作人来负责设计中的一些工作。

在处理这方面的问题上有些因素需要考虑：

* 制作人不能分配设计工作，他只能起到监督作用。
* 在多数情况下，制作人参与设计工作是设计进程的瓶颈，效率较低。
* 由于制作人的工作比较繁多，所以制作人经常会在工作过程中被打断或者需要去处理其他事务，而设计工作的关键在于需要集中注意力，这是个矛盾。

关于游戏设计的一些误区

在制作人工作和游戏设计方面上有些普遍误区，本节中我们会为你驱散这些误区。在你阅读本节的时候要时刻记得，每个项目都是有区别的，要根据具体情况分析具体问题。

* 误区一：制作人会一直领导设计工作

游戏制作人不是经常领导设计工作，优秀制作人只是对于游戏的设计方针比较了解，从而将游戏设计理念贯穿其中。通常制作人只是起到了监管的作用，而具体工作必须要由专业人员负责。

* 误区二：制作人总会提出最好方案

要记住，制作人并不是总能提出最佳的解决方案，制作人必须要监督设计工作，从而保证设计方案的可行性。

* 误区三：制作人总是有时间关注设计工作

要知道制作人的工作性质就是经常会被一些事务打断现有的工作，而制作人也是时刻准备着被打断。而从事设计工作必须要集中注意力，聚精会神地完成某个工作。如果你是个想要参与设计工作的制作人的话，必须要与设计团队人员进行全方位的沟通交流。作为制作人必须要先把自己的本职工作做好之后再考虑设计工作。

女性制作人与游戏产业

特雷西·罗斯塔尔- 纽瑟姆访谈录

特雷西是《卡拉 OK 革命》系列游戏的项目主管，Harmonix Music 的资深制作人。

问：对于一个领导游戏制作开发的女制作人来说，你认为最大的挑战是什么？

答：我本人不相信性别会对游戏制作工作产生任何影响。有能力的制作人会很好地领导开发工作，所有的制作人在工作中都会遇到这样或者那样的困难。但是作为女性，我的确面对过一些困难。

游戏产业由于历史原因，所生产制作出来的游戏大多是面向男性玩家的，但如果你要做的游戏是面向男性和女性玩家的，那么你的制作团队中就需要有女性的参与，而目前从事游戏行业的女性又太少。

在 Harmonix Music 工作时，《卡拉 OK 革命》的制作团队中有 25% 是女性，这个比例在目前的游戏产业中属于相当高的。而且在游戏开发过程中，女性参与具体工作，表达意见方面也是比较突出的，女性完全参与到工作当中。

对于发行方的另一个障碍是，发行方一般会比较愿意重复自己成功的经历，而不愿意去承担新类型作品所带来的风险。作为一个愿意迎合市场需求从而热衷于设计新型游戏体验的女性制作人，其困难在于如何说服发行方，让发行方清楚地认识到总是重复一种游戏模式是不适应市场需求的。我们要根据市场需求通过开发更多中性化（男女玩家均可接受）的游戏产品使我们的产品更加多元化。我们要说服发行方重视休闲游戏的开发，这样可以吸引一些平时不常玩游戏但是愿意去尝试的玩家，这同样是个潜在市场。我们同样要帮助发行方打破旧的市场惯例，从而能

游戏设计与游戏制作人需要了解的相关知识

够深入到新的玩家受众群当中。当团队中注入了新鲜血液，好点子就会出来了。创意来自于男性团队成员，也同样来源于女性团队成员。通常男女比例平衡的团队不仅容易激发灵感，创造出更加有创意的作品，而且对于整个产业都是有推动作用的。

问：对于游戏设计带来的直接影响与市场吸引力的关系您是怎么看的？

答：作为《卡拉 OK 革命》系列的项目负责人，我参与每项设计制作工作。Konami 将游戏概念传达到我们这里，我们的协作团队将"做成终极派对娱乐"这个知道思想贯彻到每个设计制作步骤当中。该作品的原定受众群是年轻人，但是在游戏测试的过程中我们发现有些年龄偏小的中年人和儿童也喜欢这个游戏。在这个过程中我们尽量扩大我们的市场适应度。

确保设计可行性的规范

在游戏开发的过程中为了确保游戏设计方案可行，在工作中需要一些规范。

制作人须要时常监管设计进程，确保设计方案的靶向性——就是说游戏要按照方案制定的平台设计。还要协调设计人员，让他们的设计方案能够在技术所能达到的范围之内。这些听上去可能让你感觉很困难，但是当你了解一些行业内的规范之后，这个工作还是很有乐趣的。下面是一些制作人和设计人员的工作规范，当进行多平台游戏开发的时候这些内容是必须要考虑的。

多平台同步发售

开发方与出版方如果通过交涉最后决定这个游戏需要在多个平台同步发售，就意味着游戏开发的整个进程都要按照多平台发售的条件来进行。这种情况可能由于市场压力驱使，比如游戏版的《指环王》需要和电影版同步发行，这就需要游戏版的制作速度要能够赶上电影版，在游戏开发的初期就做好这种准备。关于平台的确定问题要在初期决定，而不是在做好一个平台后再移植到另一个平台。

平台与平台之间存在着巨大的差别，有可能导致整个游戏的操作与游戏设计做出彻底的变化。由于游戏的类型不同，在设计时的规范也相应地会有所差别。简单来说就是游戏设计要符合目标平台的特点功能。

有的平台有其特定的市场受众范围。举例说明，任天堂的GBA是目前比较流行的游戏平台，而这种游戏平台的受众群主要是青少年儿童。而 Xbox 和 PS 2 则适合年龄稍大一些的青年人或者中年人娱乐。

作为游戏制作人，你或许在工作方面有足够的自由度，但是为了取得产品成功，你须要在设计方面抓住硬件平台的限制，换句话说就是把大方向抓好。关于硬件平台的规范是相当固定的，特别是对于 PC 游戏来说又是比较复杂的。因为电脑技术发展速度十分迅猛，如果在 24 个月之内没有完成 PC 游戏的开发，那么相应的技术就会发生变化。在制作开始前先做好游戏设计细节内容。这就需要制作人与设计人员和程序密切配合，解决所有出现的与潜在的问题。在此阶段要记住，灵活制定设计方案，做好多平台发售的准备。

与设计人员密切配合（单机游戏）

设计人员应该能够做好面对开发进程中所有困难的准备，并且有能力解决面临的问题。重要的是在设计开始前能够了解潜在的问题所在。

制作与设计单机游戏的优势

设计单机游戏的第一大优势在于你可以将游戏所要发放的平台确定下来。确定了平台就可以将一些不必要的工作省去，可以专注发挥该平台的优势。比如 Xbox，该平台以其图像处理能力见长，记忆棒扩展槽和硬盘也是它的优势所在。Xbox 具备功能强大的图像处理器（GPU），根据这个优势，该平台可以比其他平台运行图像更完美的游戏。利用硬盘可以存储游戏进度。

所以为 Xbox 设计的游戏应该比其他平台游戏图像更近于完美。所以在设计方案中要突出关于图像设计制作的内容。

开发单机游戏的另一大优势就是你可以不必担心你的专业能力。因为开发多平台游戏需要更多更专业的知识以及更多经验。而如果只有一个平台，你就可以专心开发该平台的优势。

第三大优势就是用户喜欢 PC 游戏，因为他们不想在第一次玩游戏时碰到障碍。

最终的情况是为专属游戏平台所开发的游戏卖得要比只为电脑开发的游戏好，由于消费者购买专属游戏机的目的就是为了玩游戏，而购买电脑的目的可能有很多种，不只是玩游戏。平台游戏相比电脑游戏更易于掌握。由此得出的结论是专属平台游戏的效益要大于电脑游戏。

单机游戏的劣势

伴随着单机游戏所带来的优势，它的劣势也是不容忽视的。其中最主要的缺点就是由于硬件的限制，所开发的游戏也是有限制的。

在开发单机游戏的同时有很多硬件限制，比如游戏采用了大于 64MB 的内存，那么这个游戏在现有的平台上就不能运行，其只能在 PC 上运行。所以制作人要在进程开始前先搞清楚硬件的限制情况。

通常，单机游戏（这里指除 PC 外的其他平台游戏）不支持鼠标和键盘，这就对游戏的类型产生了限制。比如即时战略游戏通常不会在除 PC 以外的平台上进行开发。因为即时战略游戏一般会涉及到比较复杂的操作输入，这就必须要依靠鼠标和键盘来完成，而类似 PSP 或着 GBA 不支持鼠标键盘。有这样一个失败的例子，那就是任天堂 64 版的《星际争霸》，靠任天堂游戏机的输入组件无法完成对数量众多的作战单位的操作。这就说明，即时战略类游戏是不适合除 PC 以外的其他平台的。

第二，在开发平台单机游戏前，制作人必须要得到指定的硬件供应商的支持。比如在游戏接近完成的时候，你需要对其进行测试。测试就需要如任天堂、SONY 等硬件供应商的批准。经过测试批准后才能将产品投放市场。而得到批准又是件不容易的事。

另外，在开发多平台游戏的时候，有很多因素会对游戏的艺术风格构成影响。图像制作的质量太高会超出平台的范围，无法达到设想的画面质量。对于这种情况，你需要针对所有平台做出不同方案、不同规格的渲染等等。

你还须要在整个开发周期用开发包去测试游戏。这些硬件往往是很昂贵的，因为它们本身都是专利，有时候会要 15000 美金以上，具体取决于你和硬件开发厂商的关系。这比起 PC 游戏开发所需要的硬件支持成本要高得多了。

一些开发包在法律和合约上是禁止带出本国的，例如任天堂的 GameCube。这对于利用外包资源的开发方来说是一大问题。这使得开发人员很难在北美或者西欧以外的其他国家使用开发包。

当为多平台开发游戏时，还有很多因素会影响到艺术风格和一个游戏的外观。场景在屏幕上渲染的效果会受到多边形数量和内存的限制。要让所有平台上都有着最好的画面表现，那你就需要制作多于一套的模型和贴图，然后采用类似实时切换模型的技术来在游戏运行时优化游戏的帧率。

提示

在 2003 年，Naughty Dog Software 的杰森·罗宾曾经提到"当今的游戏已经不再靠画面来作为我们主要的卖点了，很快我们就会关注到用别的内容去吸引消费者的注意力"。这意味着如今能通过在美术制作质量和画面风格上加入额外的投入来做到照片级的效果。未来的游戏在美术风格上会产生很多分支。例如《街头喷射涂鸦》（*Jet Grind Radio*）和《红侠乔伊》就采用了崭新的美术风格，表现出超现实的卡通世界。当然，这种在画面风格上的投入不应该磨灭掉在新玩法类型上的投入。面对画面质量上不断递减的投资回报率，新类型的玩法和美术风格会是最好的解决方案。

当开发平台单机游戏的时候，你要对平台进行测试，找出某

个平台的优势。比如 PS2 和 Xbox 都是以图像画面为优势的平台，那么在这些平台上适合开发赛车类游戏。因为赛车类游戏需要流畅的画面和简单的操作，这正符合 PS 或者 Xbox 的特点。

再有就是游戏平台很难完成游戏存储，Xbox 算是比较灵活的，因为其配备了硬盘。但是其他平台就不是那么尽如人意了。如果游戏存档过大就无法储存。所以在开发这类游戏的时候要考虑游戏存档的大小问题。

由于游戏在发售前须要经过平台制造商的严格测试，每个平台制造商都有其独有的测试标准，这就意味着你的开发计划中质保的阶段需要长一点、严格一点。只有质量达到标准才能进入市场。

最后，游戏在发行后是无法使用补丁进行系统修订的。这意味着有任何 bug、瑕疵、设计漏洞、不平衡，或者是界面上各种素材的不完整都会随游戏生产后被封装起来了。因为这点，所有硬件生产厂商都会严格测试自己平台上发行的所有游戏。这意味着你须要计划一段漫长的质保流程来改良游戏的关键卖点，以此确保它满足平台的发行方和生产厂商所必需。

与电脑游戏设计人员密切配合

制作电脑游戏需要考虑很多问题，但主要问题在于当你所开发的游戏投放市场的时候，那时的电脑配置会达到一种什么程度。由于电脑硬件的更新速度比较快，所以要在游戏开发方面具备一定的超前性。

比如一台电脑目前值 1000 美元，两年之后情况就大不相同了。那么就先定一个标准，你的游戏会在什么价位的电脑上运行。比如将价位定在 1000 美元，然后看看目前买一台最新的电脑可能花 3000 美元，那么在两年后这台电脑就值 1000 美元。那么就按照最新型的电脑配置来估测游戏的设计目标。

这里有一个开发人员估测目标平台的方法，我们叫它目标系统。游戏开发人员预期开发周期为两年，一台 2005 年时价值 1000 美元的电脑配置如表 6.1 所示。

表 6.1　1000 美元的电脑配置

Component	Spec Today
CPU	GHz Pentium
3D Accelerator Card	128Mb nVIDIA 5700 or greater
Hard Drive	60Gb
RAM	512Mb－1Gb

目标系统，也叫推荐配置。指游戏将会在什么标准的配置上运行。游戏会提供最低配置运行的各项参数，如游戏在低配置电脑上运行时会降低分辨率、取消一些光影效果等等。

但是与此同时，制作人要了解目前大多数用户的普遍配置情况。以便于主要的游戏体验能够被大多数人所享受。

开发电脑游戏的优势

开发电脑游戏的优势有很多。首先，PC 这种平台的兼容性比较强，可以适合制作任何类型的游戏。游戏开发人有充足的自由度，除了少数禁止在 PC 上开发的赌博类游戏之外没有其他类型的限制。

由于 PC 硬件功能比较全，比其他平台游戏机在处理数据方面有一定的优势。另外 PC 平台游戏的制作历史已经有 20 多年了，可以说技术相对比较成熟。有很多经过了多次测试之后的中间件可以直接使用，运行比较平稳。

同时在制作成本上 PC 也是有一定优势的。PC 可以支持多 CD 的形式，因为其成本较其他平台游戏偏低，所以可以用多张 CD 来包含尽量多的游戏功能。

游戏源码或者艺术美工内容可以在产品发售之后再更新。消费者可以通过补丁或其他形式对游戏进行更新或者是 bug 修正，减轻了设计和质保的压力。

对于 PC 来说，最大的优势在于它可以应用鼠标和键盘来进行操作输入，这样飞行模拟类游戏和即时战略类游戏就充分利用了 PC 的优势。其次，第一人称射击游戏也是 PC 的优势所在，可以用鼠标完成射击的动作。运用鼠标和键盘相配合的形式可以尽显游戏体验。

在游戏存档方面电脑游戏也具有相当大的优势，因为不用考虑存档文件的大小，可以进行一些角色扮演或者冒险类的游戏。

另外在线多人游戏和网络游戏也是 PC 平台的突出之处。

制作电脑游戏的缺点

尽管 PC 机日益变得功能强大而又灵活可变，但是恰恰就是因为其过于复杂，所以为开发也带来了相应的负面影响。

由于 PC 游戏种类繁多，所以对于制作游戏的工具来说没有一个标准的配置。有太多的工具和引擎，但是他们并不适用于某个特定的游戏。拿设计来说，有时你必须得组织团队里的程序人员自行设计工具以便自己使用。而制作工具会消耗一定的时间，会使得整个制作周期延长。

兼容性测试

设计电脑游戏的主要弱点就是必须考虑兼容性的问题。由于电脑的硬件结构比较复杂，所以各个硬件都会存在一定的兼容性问题。包括 Windows 操作系统 95、98、2000、NT、XP 等，测试游戏与操作系统的运行情况叫做兼容性测试。

作为电脑游戏的制作人需要确保你的游戏可以和许多硬件兼容，这项进程十分耗时。你可以和外包测试团队进行合作，把这个任务交给他们，但是这样需要花一些额外的资金。

游戏源代码

游戏的源代码和设计必须是通用而不是专用的。对家用机来说，通常针对不同的期望结果和设计需求会有着 1~2 种专门经过优化的编码方式。但在电脑上由于有着更高的灵活性，所以出错的空间也更大。要达成期望的结果，你需要使用两种以上——乃至多达 10 种的不同的方式去编写一个功能。这使得灵活性、规范和经验上的要求是很高的，它需要你的编码既是有效，也是高效的。要缓解这个劣势，你需要在开始时就采用很完整的技术设计和功能集合，这样能让开发方清楚判别出完整的任务清单、功能和潜在的挑战，并为此作出相应的准备。相比于此，在单机平台开发中大部分的困难都是明确的，这是电脑游戏开发的一大劣势。

竞争

正是由于电脑游戏的普及面广，且制作难度较低，所以势必会造成竞争对手数量增加。在游戏市场方面，销售得最好的游戏几乎占据了80%的市场份额，而每年约有几千个游戏摆上零售商的货架。在这么多的游戏中只有约5%的产品是盈利的，这说明其市场竞争的激烈程度。

掌机游戏的设计规范

当今市场上有几种掌上游戏机，主要有 SDNY 的 PSP，任天堂的 GB 和 GBA、Nokia 的 N－Gage 以及 Tapwave 的 Zodiac、NDLS 等。由此，我们来分析掌机游戏的优劣之势。

制作与设计掌机游戏的优势

最主要的优势在于，由于掌机的硬件条件是固定的，各项参数是已知确定的，而且兼容性评估是明确的。所以在制作设计掌机游戏的时候，硬件和兼容性的相关问题可以省去一部分时间和资金。

第二，从市场角度讲，掌机的普及程度应该说是有保证的，这就说明，掌机的市场空间和市场潜力也是巨大的。

另外，掌机游戏一般不需要什么新的游戏设计，掌机游戏的移植过程并不复杂。

制作与设计掌机游戏的劣势

首先，掌机游戏的主要劣势在于其游戏系统的大小限制问题以及硬件内存的限制问题。这不仅限制了游戏的内容及复杂程度，而且还影响了游戏设计的娱乐性。

另外，多数掌机游戏只有单机版，由于掌机硬件的限制，很少有能够支持多个玩家共同游戏的产品。由于掌上游戏机的屏幕分辨率较低，比如 N－Gage 的分辨率通常为 200×300 或 176×208 像素，这就限制了游戏画面的质量。

最后一点，掌机玩家都会受到掌机有限电量的影响，玩家们只有有限的短时间的娱乐时间，比如在火车上或地铁里或其他地

游戏设计与游戏制作人需要了解的相关知识

方，玩一半时掌机没电了，一定会很扫兴。由此，从游戏的设计上就要以简单为好。

游戏设计的技术规范

在这个产业中，产业的向前发展是靠技术的更新驱动的。但是随着技术的进步，游戏开发人士所要考虑的事物也就越来越复杂了。新技术如何应用到产品上？你对于新技术新的硬件该如何计划？这都是开发人员需要考虑的。

无论是开发什么平台的游戏，你需要应用专有的 API（Microsoft）来进行工作，比如 Dircet X 9.0 或者新的硬件。越先进的软件或硬件功能固然越强大，这就注定制作人需要考虑的东西就越复杂。像《家园 2》的十分复杂的游戏设计就运用了新技术。比如 3D 镜头、复合关卡数据，在开发的每个步骤都比较注重图像质量。

在设计游戏的时候一定要考虑其技术限制与规范，因为在设计上超过市场普遍水平是比较容易的。在技术上超越了同类游戏，但是在销售上就不一定能取得胜利了。

图像处理

在游戏的开发进程中，越来越多的游戏画面趋向于贴近真实。想想之前在《玩具总动员》中运用的图像技术如今已经演变成 real – time 标准了。

PC 用户不断地更新自己的显卡，使得 PC 的显示质量飞速地提高。但是其他平台游戏机的更新就远远不及电脑了，因为通常平台游戏机都是整机发售，很难做到局部升级。如图 6.1 所示是几个平台的比较情况。

就 PC 而言，图像处理能力主要受制于显卡，其优势在于可以伴随着新型显卡的问世而提高 PC 的图像处理能力。缺点在于显卡不断地问世，而从制作游戏的角度讲，图像标准也在不断地改变。

特别要提到的是，PC 显卡已经从 GeForce 1 或 2 升级到

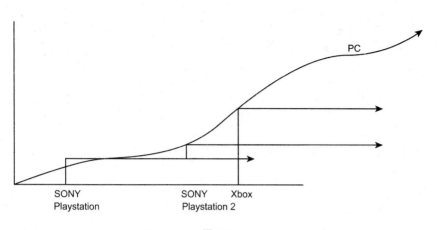

图 6.1

nVIDIA，多数 2005 年的游戏需要 GeForce 3 或更好的显卡才能把效果显示出来，这对于游戏制作意味着什么？意味着多数游戏要更多地运用正规映射。正规映射和凹凸映射的方法截然不同。这就说明随着技术的更新，游戏制作所应用的技术也必须更新才能达到标准。

在这一点上，平台游戏就显露出一定的优势，那就是所应用的技术都是比较熟悉的，无论怎么做也不能超过平台技术的限制。

最终的结论是 PC 游戏会一直超越技术限制，但是 PC 的复杂性又决定了其市场容纳性不会很高。

内存

内存是限制游戏的重要因素，而平台游戏机的内存是固定的。PC 的内存是可以增加或减少的。但是作为游戏开发人员应该如何面对这个问题呢？

第一条需要记住的就是保持游戏最低运行的内存指标，比如 PC 上的 32MB 和其他平台上的 6MB。内存直接关系到游戏所能涵盖的功能、场景渲染等等因素。

要记住使用多种类型的内存。所有的平台都有其特定的使用规范，比如程序内存、声音内存、渲染内存。具体情况要根据你所开发的游戏类型而定。

使用越多内存可能导致游戏运行缓慢，因为使用越多的内存对于缓存的需求也相应提高。

程序源码存储

不同语言的程序源码也会有很多种类。通常相同语言编绘的源码也可以有很多种。你需要跟踪静态数据，经常测试优化选项。这样一来当某个程序源码发生变化时，你可以第一时间发现。

纹理内存

纹理内存是目前制作游戏过程中最普遍需要考虑的问题。对于每一个纹理单元都有相应的不同的 MIP 层次，可以选择不同的渲染程度。可选用最高的细节纹理，也可以放弃使用。

提示

切记：位深（8、16、24、32 位等）和纹理压缩对纹理内存占用有很大影响。位深越高，则占用的内存越多。

有的硬件可以允许你超过内存限制并且将纹理复制到视频内存。这就需要你的图像引擎足够强大。

视频缓冲内存（视频缓存）

视频缓存包括绘图缓存、Z 缓存、模板缓存（光影及其他特效）、复制缓存（虚影和其他效果）。

模型和动作

在游戏中出现的多边形越多，所需要的缓存就越多。同样适用于更复杂的模型渲染效果。动作也是一样，动作越多所需要的缓存就越大，还要取决于动作的复杂程度。如果要缩减动作所用的缓存，你可以用其他模型来制作动作。大模型要比小模型运行慢，你也可以使用动作混合的方法（静态动作和动态动作相结合）。不同复杂程度与不同数量的动作所占用的内存大小也是不同的。要减少动作带来的内存占用，可以把同样的动作放在不同模型上，较大的模型在动作播放上会更慢。

声音

声音数据会用掉很多存储空间，但是要取决于如何使用声音文件。一些声音比如语音和音乐可以放在光盘里，这样就节省了一些空间。声音需要运行得流畅且延迟率低，比如脚步声必须储存在内存中，如果脚步声出现延迟的话就全乱了。还可以运用MP3格式来处理声音文件，所占空间小且声音质量好。

关卡数据及游戏数据

在某些游戏中，关卡数据可能会非常大，因为这些游戏的关卡设计了比较多的渲染效果和比较复杂的模型。也可能关卡之中包含了很多的游戏角色。在这种情况下你在制作关卡植入的时候一定要关卡数据，如果用户的操作超过了数据限度要及时给予警告。

这样一来游戏数据就会很多，并且随着游戏的进程其数量还在增长。所以应该用低级测试标准来测试数据。低级测试标准应该包含最多玩家数量模式、全部敌人出现在屏幕上的情况、最长的关卡等情况。

要记住，所有的数据都应该在运行游戏之前安装在硬盘上或者平台游戏机的储存卡上。

储存设备

只读存储不能用于存储类似游戏存档的数据。在平台游戏机上可以使用光驱和DVD或者储存卡。不同的存储设备有不同的读取速度，一般光驱的读取速度比较快，然后是DVD最后是硬盘，储存卡的读取速度是最快的。因为光驱或DVD光驱不能同时读取两个或两个以上的文件，这就需要在设计游戏的时候考虑到如果出现同时需要音乐、动态动画和音效的情况。

大型文件系统

如果许多小文件集合成为较大的文件就可以节省打开文件的时间，这个集合的过程叫做大型文件系统。因为逐个打开小文件的时间肯定会长于打开一个文件的时间。把小文件集合成大文件可以减少载入的时间，使游戏运行流畅。游戏安装在硬盘上或者从硬盘上读取，需要有足够的空间来满足这些操作，游戏安装的过程就是这些大型文件拷贝到硬盘上的过程。

CD 光盘游戏或者 DVD 光盘游戏必须含有游戏的最大版本，其中包括了最多的媒体选项。

在储存卡上储存文件

还记得任天堂 64 游戏机和 PS 吗？它们都具备储存卡扩展槽。储存卡是用来储存用户数据的设备。储存卡是基于闪存基础上发展的，由于其写入速度比较慢，所以在设计游戏的时候一定要考虑游戏存档及其他数据的大小。

其他游戏设计方面的规范

作为制作人，你需要时刻监督管理游戏设计情况，使其保持在项目规定的范围之内。本节主要介绍一些常规游戏设计规范。

类型及目标统计

品牌的定位与该游戏的类型和受众群息息相关，就像《命令与征服》定位于即时战略游戏，或者《家园》定位在 3D 即时战略游戏一样。你要弄清楚你的游戏会被哪个群体所接受。

可以从市场探索公司那里获得受众群的详情，National Purchase Diary Group，Inc 就是一家市场研究公司。

关键功能

一般规模比较大的出版公司的市场部门对于特定品牌的游戏有他们特有的功能要求。比如《命令与征服》、《使命的召唤》、《极品飞车》等，都有他们特定的功能要求。比如，要求《神秘岛》必须在较低配置的电脑上运行，这就需要在游戏设计时考虑低配置显卡的显示参数，从而根据显卡的情况来设定画面质量。

游戏的功能直接影响到它们的特别卖点。游戏功能包括使游戏有趣、刺激、好玩的一些相关元素。

一般由市场部门来推荐一些游戏功能，但是最终决定权还在开发部门手里。决策的标准在于某个游戏功能是否具备充足的市场竞争力。

比如，由动视公司出版发行的多人第一人称射击游戏《重返德军总部》包含以下游戏功能：

* 宏大壮丽的场景
* 激烈的战斗场面
* 火力强劲的武器
* 崭新的人物角色
* 全新的交流模式
* 额外的游戏模式

这些功能对于消费者来说有足够的吸引力，能够说服消费者掏腰包把它买回家。如果游戏功能设计得不够鲜明准确，就很可能与市面上的其他游戏雷同，就没有独特的感染力了。

《极品飞车》系列还具有其他的商业功能，比如轮胎轮毂的植入式广告，需要设计人员考虑到。

像比较强势的即时战略游戏《命令与征服》必须包含 3D 图像、特效、跟踪镜头，这些都是由市场部门来策划的，因为市场部门知道消费者们的口味，知道他们在期待什么。

分析有竞争力的产品

强势产品分析包括回顾所有的同类产品，分析论证它们的竞争点。在这一进程中通过分析共同点和突出点来确定卖点与产品功能的直接关系。

当你开发一款游戏的时候，设计人员须要回顾产品功能的生成情况，考虑提高改进已有的游戏功能设计。这就意味着具备一定竞争力的产品一定要不断地改进自我，正所谓逆水行舟，不进则退。

比如《家园 2》，与《家园 1》相比增加了很多游戏功能，这些功能就是由强势产品分析而来的。

许可规范及游戏产权许可

游戏的产权可以说是非常重要的。因为作为你的独创作品，游戏中蕴含了很多商机。为游戏任务购买版权或者为游戏的其他要素购买版权在游戏界是非常普遍的，并且对于版权持有者和购买者都是有益的。

本节主要探讨关于产权版权方面的一些相关问题。

游戏人物、类型及目标统计

游戏中最为常规的版权行为就是为游戏人物角色申请版权。在一部成功的游戏里，其游戏任务角色是独一无二的，同样也可以为其他形式的娱乐带来共同效应，比如《古墓丽影》的角色——劳拉·克劳馥特。之后被搬上了银幕，成为了同名电影中的角色。

独特的人物角色开发是成功游戏开发的重要环节。一旦游戏品牌获得成功，游戏人物也会成为名人，也会带来附加的商业收益。

当开发产品的版权方面有一些行业规范需要了解。比如《古墓丽影》，在开发中为其主人公劳拉·克劳馥特申请了版权，如果在电影中或其他游戏中使用这一形象的话就会产生版权使用费。

其他的规范是针对游戏类型和目标统计方面的。一款解密冒险类的游戏使用《星际迷航》的许可或许不太符合这个游戏类型和目标统计结果，考虑到《星际迷航》一般受众群主要为男性，而解密冒险的受众群为一半男性一半女性。其次，许可限定了游戏的情节、艺术风格、互动体验等等，所以说设计人员在设计中没有太充分的自由发挥余地，必须在许可的范围之内尽量施展才能。总而言之，设计人员可以创造新的武器、新的情节，但是必须在许可的规定之内。

游戏关键功能

许可必须要与游戏所应用的技术和游戏功能相匹配。比如一个游戏使用《骇客帝国》的许可，该游戏就需要具备高品质图像、视频回放、立体声等功能。还要具备动作、冒险、射击等关键功能。虽然许可上的范围是死的，但是设计的思路是活的，设计人员可以充分发挥想象力，在许可基础上进行创新。

当使用一个许可的时候，应考虑到可以在续集上增添新的元素。比如《神秘岛3：放逐》，除了继承了《神秘岛2：星空断层》的基本功能外，还增添了新的功能例如新形式的360°镜头等。这些想法可以是玩家在玩过前一个游戏之后的期望。

许可要求

最后一个需要讨论的问题就是对于设计人员至关重要的许可要求问题。比如一个游戏使用《星际迷航》的许可授权，在游戏中不能出现 USS 被毁灭的状况。在这一点上，派拉蒙影业公司对于《星际迷航》拥有全部许可，由他们来决定《星际迷航》的许可在游戏中该如何应用。

《哈利·波特》的许可明确规定不允许该系列的受众群发生变化。

问题的关键在于不同的许可有不同的要求，一些纯是规定，一些只是指导性的方针。

最后，授权方的要求还会是很具体的，例如《光芒之池》系列是用《龙与地下城》的许可的。由于《龙与地下城》是游戏行业外的一个独立游戏，所以用这个许可的其中一个要求是在做新产品时必须在大体上遵循《龙与地下城》的规则。这特别是对战斗以及战斗回合数的计算来说，每一个玩家在每一轮里都需要通过投骰子来表现几率的元素。

这里要记住的一点是不同授权方有着不同的要求。其中一些要求会是纯粹的准则，而其余的则是严格的约束。重要的在于在你开始设计之前要确定好你是在准则的指引下设计还是在具体约束下设计。如此能确保你的工作不会浪费，且设计是满足授权方的预期的。这往往会有一个认可的过程，授权方会对游戏或者设计中的各个方面进行认同或者否决，这是制作人要面临的另一种可能的冲突和挑战。

博弈论

游戏里真的存在像博弈论那样的东西吗？是，的确是的，而且已经有很长一段时间了。博弈论一直是用在经济学领域里的，用于在数学上分析冲突情形中的决策制定。这种情况是在两个以上有着不同目标的玩家在同一个体系里行动或者共享同样的资源时产生的。

在视频游戏里，博弈论过程是所有玩家为各自利益作出合理决策的过程。比如给出两种方案，单个玩家会选择对自己有最大优势的一种。而在任何的情形里都会存在着两个以上明确区分的选择。在这些玩家作出的每一种选择组合里，都存在着可能会导致的游戏终止的赢、输或者平局的三种结果。每一个中间步骤也是明确界定的。于是每一个参与者的每一次行动都潜藏着一个可能的报酬值。

在这场游戏里，虽然你对规则以及对手都相当了解了，但你必须清楚玩家在游戏开始之初是不会具备这种了解程度的。虽然这么说有点不现实，但除去电脑控制的对手以外，游戏策划也必须认定玩家是完全了解游戏的规则和其他玩家每一步的报酬值的。而作为制作人，你也应该了解并把这个概念用到设计文档的审阅上。

博弈论的概念主要用于电脑对手的策略以及较困难关卡的塑造。游戏的 AI 行动都是根据真人玩家作出响应的。游戏策划应该理解游戏是由一系列有意义的决策组成，每个决策都有机会带来胜利的结果，如此你才能预测到玩家所作出的合理决策的范围。

提示

博弈论在大型多人在线游戏（MMOG）里尤为重要，因为它界定出玩家在线交互的方式。玩家间的所有交互信息必须遵循博弈论的法则。你设计的 MMOG 要在玩家间的各种交互里包含极大量的随机元素。

博弈论是制作人要理解的一个很重要的概念。它是游戏设计中一个基本法则，每个游戏都必须加入某种程度的博弈论，否则它就不是一个游戏，而是某种缺乏交互度的线性体验了。

游戏设计文档

现在我们来介绍一些制作人应该知道的关于游戏设计的问题，如果有人问你："如何让其他人了解你的游戏概念和设计方针？"这就需要游戏设计文档来完成这个任务了。游戏设计文档的作用就是传递交流信息。就像有人说过："没有交流就会变得一团糟。"

制作人与游戏设计文档

我在一些圈子里被誉为是反对文档的人。我认为这是一种荣誉的象征。在我看来，企图通过写下一份 100 页的设计文档就想替代前期制作阶段，是一件很愚蠢的事。

——马克·瑟尼，DICE，2002 年 2 月演讲摘录

清晰明确的游戏设计文档是制作出精品游戏的必备之物。制作人在此过程中负有重要责任，是工作的枢纽。游戏设计文档可以指导团队工作，按照设计思路进行工作。

乔舒亚·哥登曾经说过："如果缺乏了团队互动和深入的交流，项目一定会陷入困境，这一点是毋庸置疑的。"制作人必须保证团队成员之间及时的交流与互动，从而保证工作的顺利进行。但是问题在于又要让信息在团队中高效地运转，而设计文档又不能做得像《战争与和平》那么厚。为了解决这个问题，下面是一些评估游戏设计文档是否能够起到作用的问题形式。

* 某个设计是否有艺术感？是否符合设计人员的思路？通常一幅图片比语言文字更能说明问题。
* 当你阅读整个文档的时候，它给你的大概印象是什么？
* 要准备好和设计人员开很多的碰头会。在开会前你准备好问题了吗？
* 菜单和界面的效果怎么样？界面会很复杂吗？有没有某个

界面的截屏以供参考？如果没有，就让设计人员和艺术总监一起制作一个样本。然后再和相关人员论证其效果。

* 允许设计人员修改到最后一刻。设计文档应该随时更新，要鼓励团队更新文档。这样可以省去很多之后修正 bug 的时间。

* 要记住游戏概念的价值量，游戏概念如果出现问题那就麻烦了。

* 确保设计人员有足够多的参考内容，特别是电影方面的、书籍或者其他游戏。要确保整个团队所参考的文献是一致的。

最重要的是要记住制作人的工作是确保团队之间的高效沟通。只有通过经常翻看文档，制作人才会了解到团队的工作情况。

游戏设计文档的内容

每个游戏设计文档都会包含很多内容，缺少一个就会导致项目出现问题。这里我准备换个介绍的方式，我不想描述游戏设计文档里该有什么（由于每个游戏公司的具体情况不同，设计文档也有相应的出入）。

有很多的相关书籍、研究比你现在看到的书在这方面更加全面、完整。我只是把简要的元素列在下面，仅供参考。

主要游戏设计部分

□ 本质声明
□ 核心概念或游戏体验承诺
□ 主要游戏运行描述
□ 游戏运行图标
□ 技术要求
□ 界面设计与操作
□ 游戏人物设计
□ 许可使用最小范围

次要游戏设计部分

- ☐ 艺术美工方面的设计
- ☐ 行动数据表
- ☐ 损伤
- ☐ 死亡序列
- ☐ 试玩、攻击模式
- ☐ 难度较大的关卡
- ☐ 文档审阅
- ☐ 敌人描述
- ☐ 输出文档与过程
- ☐ 游戏内容特定性分析
- ☐ 关卡任务简报
- ☐ 专业词汇
- ☐ 模型清单
- ☐ 媒体播放器设计
- ☐ 视角
- ☐ 音乐和声音清单
- ☐ 物体描述
- ☐ 游戏暂停
- ☐ 播放器及镜头动作
- ☐ 反馈表
- ☐ 游戏存档
- ☐ 得分记录
- ☐ 脚本
- ☐ 模拟时间
- ☐ 声音设计
- ☐ 特效
- ☐ 游戏存档界面
- ☐ 开始游戏界面
- ☐ 故事情节
- ☐ 地形功能
- ☐ 转换

☐ 配音清单

☐ 武器系统

☐ 武器数据表

☐ 胜利序列

此表可能无法全面地覆盖所有的项目，请根据你设计项目的具体情况做出增减。

技术设计

游戏设计文档中的技术设计部分说明了具体功能的生成情况。在游戏设计的开始阶段，技术设计可能只包含了一些基本功能的说明及其所使用的工具以及多边形说明、渲染程度等等。

提示

每一项编程任务都须要把更新文档作为其中一项子任务。在技术设计文档更新到能完全反映出一项游戏功能是如何合成的之前，切记不要把进度中该项任务标记为"已完成"。

下面是一个技术设计的常规元素清单：

* 自动生成。这是确保游戏能按计划进行的一个关键点。确保该设计包含了版本的自动生成，这样游戏才能在不断加入新功能的同时还能每日进行测试和试玩。

* 镜头。描述镜头的工作方式及与游戏世界的交互方式。这里还需要描述的碰撞。

* 用户命令。用户能如何处理游戏的各种命令。

* 电脑托管角色与敌人智能动作。描述这些智能动作是如何运作的。

* 前端。确立最低分辨率、最佳分辨率以及 UI 的缩放比例。

* 游戏数据。清楚界定数据的存储、建立和修改方式，同时还包括策划如何操纵这些数据。

* 游戏逻辑，多人部分。关于多人游戏部分如何运作的专门讨论。

* 游戏逻辑，单人部分。关于单人游戏部分如何运作的专门

讨论。

* 图形与渲染。最低系统配置以及多边形和贴图预算。

* 建筑。游戏架构和引擎中的数据驱动有着怎么样的能力呢？游戏是否能够进行修改以及数据驱动在游戏结构及引擎性能中是如何生效的。

* 初始化与关闭。开始和关闭游戏涉及的模块清单以及这些模块是如何运作的。

* 其他语种版本。如今所有游戏都需要能轻易地修改本土化数据，这样能同时在全球发行。

* 电影片段与游戏过场动画。讨论游戏内的动画引擎与电影解码器（例如 DivX 和 BINK）的播放机制。

* 联网。说明联网部分的代码是如何运作的。

* NPC 智能。描述这些智能函数是如何运作的。

* 优化手段。让游戏运行更快的手段。

* 脚本系统。回答以下问题：脚本系统是策划熟悉的吗？它用的是 LUA 或者类似的语言吗？

* 模拟。无论是一个 RTS 游戏还是一个赛车游戏都有着一定程度的模拟。在这里需要描述模拟机制的运作方式以及客户端之间的循环冗余校验（CRC）。

* 声音。这部分往往留到最后，在这里讨论声音引擎的运作方式和早期规划。

* 工具。诸如任何编辑器、音效摆放工具、特效摆放工具、背景创建和实现工具以及其他能被玩家使用的修改工具。

工具要求

托马斯·卡莱尔说过："人类是种会使用工具的动物，如果没了工具，人类的思想就没有意义了。"这句话放在游戏开发中是再合适不过了。游戏开发需要完备、高效的工具，我们会在第七章为您介绍所应用的工具。

创意设计回顾

创意设计通常包括若干项目，包括内部的和外部的。当进入创意设计回顾时，要对其持有怀疑态度，深度提问。

使用范例情景

使用范例情景是一步步展现玩家是如何使用一个系统的过程。通过从用户的视角去捕捉系统行为，能清楚界定出该系统是如何运作的。在使用范例情景中通常还会加入各种样例、示意图以及以线性形式描述出所有的交互步骤。这是把系统操作清楚描述并界定出功能的一种极为实用的方法。

在早期使用范例情景能有助于在玩家和要考虑和设计的游戏系统间建立一套目标指向的交互集。一个完善范例情景能极有效地保证游戏设计中的各种功能需求都无一遗漏。这尤其是在游戏打算以 C＋＋语言编程时，只有完全理解并把系统定义清楚，这样才能在编码时不会影响到其他系统。

提示

格里·施耐德所写的 *Applying Use Cases：A Practical Guide* 是制作范例方面很有用的指南。

往往设计文档是以其他游戏开发者的角度去写的，于是从玩家理解的角度被很大程度弱化了。通过加入范例，从而使从玩家角度去理解、操作不会被忽略。

创意持有

这是个比较敏感的话题，也是可能导致开发团队内部分歧的话题。谁持有概念的所有权？谁能够就这个创意继续工作？通常情况下，谁提出了创意设计，谁就能够提供全部创意细节。本节讨论如何管理创意的持有问题。

分配持有权

作为制作人，你要负责将持有权赋予真正应该持有的人。这个任务应该交给有充分自信的、对产品充满热情的人来把握。

所有权管理

管理所有权从某种意义上来讲，有点像一个警察面对一群守法公民在一起痛饮啤酒。由于他们是守法的人，所以你不想伤害他们，但是他们又在喝酒，你还要保证他们喝多了不会伤害到其他人或做什么傻事。

管理所有权有两个办法，其一是用其他团队的标准来衡量自己团队的创意设计过程；另一个方法是经常下发调查，然后获得反馈。

要坚持你的创意执行方向

制作人要避免创意被外界因素干扰而迷失正确的执行方向。当制作人决定了某个创意思路时，要尽量避免该思路受到执行制作人、市场部门、许可方面的干扰。就像做一道菜用上十多个厨师，菜的味道就会杂糅。

了解创意并且要在必要的时候说"不"

当开发团队在游戏中增设功能或扩大游戏范围的时候会产生功能衍生。制作人要控制这一现象，就是通常所说的"遏制功能衍生"。制作人要在发现功能衍生现象时及时提醒制作人员，目前已经达到了要求，不能在衍生其他功能了。

想想目前比较火的游戏《侠盗猎车手：圣安地列斯》，它并没有把所有的功能都加入其中。只是在前一款游戏《侠盗猎车手：罪恶都市》基础上适当地选加了一些功能。这就说明制作人要在必要的时候向设计人员说"不"。

与持有创意思想的外部出版方合作是有一定难度的。需要在游戏开发进程之前就设计问题进行研讨，我不赞成在游戏制作工作开展之后进行游戏设计的变动。要让每个人清楚地知晓你的目标是要做出一个出色产品。但是在制作阶段盲目添加功能是有极大风险且增加成本的。

结束语

　　本章包含了大量的信息，让你有一个很好的立足点，帮助你了解到如何协助指引视频游戏项目的设计工作。本章看起来可能显得很深入，并且涵盖了一大堆范围很广的资源和信息。我推荐你看一下附录 C 里配套的资源和参考资料，同时也上网看一下 http://www.gamasutra.com。如此，作为制作人的你就能牢牢掌握如何把一份吸引人的游戏设计变成一个成功游戏的法则。这会是你职业生涯中最宝贵的技能和知识基础。

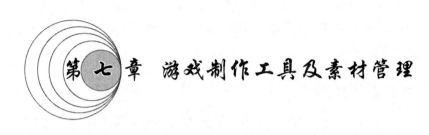

第七章 游戏制作工具及素材管理

在开始做项目前，为了能够寻找到最得力的制作团队，制作人首先要确定他们是否能够使用到最好的制作工具——能够让他们做出最好的游戏。

——斯蒂芬尼·莫里切尔－马特，
Relic Entertainment/THQ 首席程序员

作为一名制作人不只是负责制作销售游戏，还要确保团队使用最为得力的工具，从而达到目标。当今的游戏产业中，有太多太多的开发工具可供选择，每一项工序都可以找到合适的工具来做，而难点在于如何为任务选择最合适的工具来进行。本章讲述了许多好用的工具以及使用方法和窍门。

选取正确的工具

选择了正确的工具可以为你的项目节省开支，提高工作质量，降低项目风险，让团队成员集中注意力，把游戏做得好玩。好的制作人同时更是一个优秀的风险管理者。而想把风险控制住，办法就是使用合适的工具。制作人需要了解风险的构成与来源，并且与每个部门负责人密切配合，在风险为项目带来不良影响前就整理出处理办法与方案。其中一个办法就是让他们深入了解游戏设计需要。

在测试工具前，首先需要了解你的团队需要什么样的工具。就是说要根据游戏的设计情况来确定使用哪些工具。比如制作一款即时战略游戏不需要几何引擎，而赛车游戏就需要几何引擎。那么就决定着工具的不同，以下内容为你提供了一些游戏制作所需要的工具。

前期制作阶段

在游戏的整个开发过程中，你的团队需要依靠某些技术才能完成游戏的制作。这样就意味着团队需要工具来应对制作任务。在前期制作阶段，需要确定目前的工作都需要哪些工具以及如何获得这些工具。

这就需要设计方案必须清楚、明确地阐明游戏的制作需要、工具的需要以及产品客户端的预期效果。为了达到这些目的，制作人必须确保步骤具有灵活性，并且与设计部门、程序部门以及美工部门协商，了解详细情况，制定详细方案。

在前期制作阶段，要与设计人员就游戏的每一个功能进行核定，包括操作、武器、单位人物、任务角色反映、动作、战斗等等因素。然后确定完成这些工作的最普遍的工具。最后再与程序人员讨论设计部门所提出的这些要求是否明确可行。为各个游戏要素所配置的工具应该是正好符合功能要求，不多也不少。接下来以同样的方式再与美工技术人员进行研究，再把美工工具确定下来。

这一进程结束后，进行一些相关测试。请一名美工人员利用工具将艺术素材（如一个人物角色或者一个作战单位）植入引擎，确保运行正常。然后检查植入是否伴随着 bug 的出现，并将这以过程记入文档，然后一步一步地将其他艺术素材加入游戏运行中。这一过程叫做艺术素材植入鉴定（art pipeline identification）。在此之后，制作人就能够了解到将艺术素材植入游戏需要什么步骤以及会花费多长时间。但是在这个过程中需要很多数学计算，需要根据进度表所指示，计算出多少项目和艺术素材需要制作。当这一过程结束后你就会大概知道这个游戏的设计方案是复杂还是简单。然后就可以进入下一阶段——原型制作。

要尝试第一次就做好

在制作游戏原型时，尽快确定艺术素材植入是非常重要的。如果艺术植入工作做得马马虎虎、质量不高的话，之后的工作也会跟着一同乱套，最后还要迫于原型交付期限匆匆赶制，这样就难免出现问题。这时程序人员又需要将错误的艺术素材分离出来，再把正确的植入，耽误时间而且降低了游戏的质量，为之后的阶段增加负担。

经验告诉我们，最好用两天左右的时间来确认艺术素材植入工作，这样可以让其他人的工作没有任何障碍。

提示

在大型团队的游戏开发项目里常见的情况是缺乏沟通。策划列出的往往都是最佳情况以及他们想要的最复杂的功能，例如 200 把附带着上千种不同武器特效的未来武器，每一把都放在游戏的特定一部分里。玩家甚至能交易武器、升级武器，并且武器的效能还会根据玩家的状态改变。除此之外，用于定制武器的工具为了让玩家也能使用，它还需要和游戏同时发布。于是程序员着手在游戏开发过程中去做这种特性，在经历几周后可能发现设计还需要花多点时间才能做出来了，因为美术资源的数量也随之增加了。各种工作量均大幅度加大。

最终，制作人意识到这项设计的开发时间比原来预想的要长得多，并且耗费了不少钱。这个游戏真的需要 200 种不同的特效吗？这个工具真的一定要和游戏同时发布吗？策划团队真的需要一个特殊的工具来做出世界上未曾见过的最棒和最糟的武器吗？恐怕并非如此。游戏可能只有 30 种武器而不用 200 种就很有趣了。

测试你所需要的工具

所使用的工具中有一些可以买到使用权，也有一些可以由你的程序员做出来。或者把两者结合起来，让程序人员利用插件将工具软件改编成符合自己项目的版本。包括 3D Studio Max 和 Maya 都支持插件。多数比较好的软件都有使用测试期，这也可供制作人和其他成员了解该软件的使用。

在决定使用哪个软件前先让团队对其进行测试。制作一个游戏原型是个很好的方法。将你的要求写入文档，这样你的技术团队就可以按你的要求制作剩下的工具了。

制作人需要知道的软件工具相关问题

当为了开发进程选择工具的时候，制作人无需知道每个工具软件的细节。在选择游戏部分和中间件时，制作人会获悉关于每个方案的细节实质。制作人只需了解每个程序的基本功能。要弄清楚每个软件的细节，工作量实在太大了，再说也没有意义。

如果你的团队很优秀，那么就可以放心地把工作交给他们。声音制作部门知道哪些软件可供他们使用，程序人员了解中间件引擎，美工人员也知道他们所需要的软件。

程序工具软件

对于程序人员来说，有很多资源可供他们使用。以下是一个程序工具软件清单：

OpenGL ES——Khronos Group

OpenGL ES 已经成为当前常规标准图像处理软件。Khronos Group 中包含了许多程序技术软件。

制作人需要了解的问题
Open GL ES 是 2D/3D 图形 API，适用于嵌入式系统。

更多相关背景
OpenGL 长期以来都是行业内 2D/3D 图形高质表现的标准，它适用的设备包括手机、家用电脑和超级电脑。OpenGL ES 是为嵌入式系统（Embedded Systems）而设的版本。嵌入式系统是带有微处理器控制系统的产品。这些系统适用于手机、自动化、通信、军用航空以及医药领域。

OpenGL ES 提供了在软件应用程序和硬件/软件图像引擎间的底层 API。

IncrediBuild——Xoreax Software

IncrediBuild 的功能十分强大。

IncrediBuild 这个开发工具能极大地提升 Microsoft Visual C ++（6.0、7.0 和 7.1）的编译和版本生成速度。它能降低增量构建所需要花费的时间。从长远角度来看，这个工具是非常重要的！

更多相关背景

十分耗时往往是 C ++/C 编程语言最致命的弱点。无论是要花几小时去等产品一个完整的版本，还是每天要多次花上 10 分钟去等一个增量版本，要经历这样的过程是一件很痛苦的事，而且丧失了效率。

如今 IncrediBuild 首度提供了一个独一无二且高效的解决方案。通过使用 Xoreax 的分布式编译技术，Visual Studio 6.0 或者 .NET的项目的编译速度会大幅提升，而无需在代码和项目文件上作任何修改。通过与 Visual Studio 的开发环境无缝整合以及一个很强大的命令行界面，IncrediBuild 对整个 Microsoft Visual C ++ 开发环境作了本质性的提升。

从我的经验来看，Incredibuild 能针对多个项目明显地提升开发效率。它能让开发团队不断制作增量版本去测试，也让自动版本建构的流程出错更少。Incredibuild 的技术支持还以反应迅速著称。

MicrosoftI Visual C ++ IDE

MicrosoftI Visual C ++ IDE 多年来都是游戏制作的基本软件。

更多相关背景

C 语言和 C++ 这两种编程语言几乎用在了每一个商业上取得成功的游戏中。其主要原因在于它们很适合靶向编程（OOP, object-oriented programming）。靶向编程最适合大型程序以及由大量代码构成的软件。因为靶向代码极容易组织管理。

在这两种语言里，C++ 本身更适合靶向编程，因此在游戏开发中也更常用。在靶向编程中靶向的定义是"对象是多个变量和相关函数的软件封装"。这基本上代表了它除了有着自己的状态和自身所有行为以外，其整体就像一个真实世界，而该对象的多个变量和相关函数的"设计图"被称之为一个目标靶向。

C++ 有着很多适用的开发环境，但 Microsoft Visual C++ IDE 是最常用的一种。这种开发环境已经有 7 代的历史了，从第一代开始至今已经经历了很长时间的考验。它除了有着你所需要的所有编译功能外，如今还有很多函数能帮你极大加快编码过程和工作流。假如你想用 C++ 来编码，那这个工具是必须的。

Visual Assist X——Whole Tomato Software

用来辅助源码制作，加快制作速度，是制作人的好帮手。

更多相关背景

Visual Assist 是 Visual C++ 的一个插件，它是用来加快你的 C++ 程序员使用 Microsoft Visual C++ IDE 的效率的。VIsual Assist 引入了强大的编辑功能，它能完全整合到微软的开发环境里。这个插件可以看做是 Visual C++ IDE 6.0 以下版本的一个必不可缺的组成。如今它已经没那么有用了，因为该插件的功能现在已经完全整合到 IDE 自身里面了。

这个插件最常用的功能是增强的列表框（Enhanced List Box，它能在编写代码时很轻松地选取各个成员和函数的列表框）和建议列表（Suggestion List，它能对你正在输入的字词提供很好的建议）。建议列表只需要输入一个字母就可以运作了，随后它会建议一种方式来让你完成这个字词。增强的语法颜色标记（Enhanced Syntax Coloring）能让代码更容易阅读和纠错，因为此时有了更有意义的颜色标记了。跳转功能（Goto）能在你按下 Goto 按键后，便输入光标跳转到它之前在代码中所处的符号的声明或者实现部分。拼写错误标记下划线（Underline Spelling Errors）能把错误拼写的字词以你所输入的曲线下划线标记出来。自动恢复（Auto Recovery）能频繁地备份你所修改的文件。一旦开发环境程序崩溃了，Visual Assist 能让你选择最后备份的拷贝或者是最后手工保存的文件继续开始。

这个插件的所有功能都是很有用且明显提升效率的。不过这些功能如今都整合到 IDE 自身里面了，因此使用 Microsoft Visual C++IDE 最新的版本就无需要用到它了。

VectorC——Codeplay

特殊平台开发软件。对于平台游戏来说，这个软件功能强大，特别适用于 PS2。

更多相关背景

VectorC 是一个向量化的编译器。它能让 PC 和 PS2 的程序无需依赖汇编语言就能得到优化得更好的编译结果。VectorC 能对 C 和C++代码进行编译、优倾和向量化。

VectorC（PC）专业版是用于 PC 程序的完整功能编译器。这个版本能对 C 和C++进行优化和编译，但在C++方面缺失了异常处理的功能。VectorC 能做出标准的非向量高表现优化，也能做出向量化的优化。VectorC（PC）PE 在设计上是和 Microsoft Visual C++IDE 无缝整合的。

VectorC（PC）特别版是价格低得多的专业的 C 语言编译器。

VectorC（VU）是能为 PS2 向量处理单元 VU0 和 VU1 生成微码的 C/C++编译器。它只能为 PS2 的这些组件编译，在此之前是需要汇编语言编程的。VectorC（VU）是一个 Win32 的编译器，它能用在 CodeWarrior 和 Visual Studio 6 上。

VectorC（EE）是最大限度发挥 PS2 情感引擎（Emotion Engine）的工具。VectorC（EE）通过软件流水化、减少内存访问，以及向量化的方式对已有的 PS2 软件进行了优化。你能用 VectorC（EE）把已有的游戏引擎进行重编译，从而进一步提升其性能。你还可以用它来编写移植代码，其速度还是得到最大化的。

该程序达不到 Codeplay 在市场上许诺的最佳向量编译器的标准，使用率不是很高。关于这个编译器的详细信息是很难得到的，除非你是一个已注册的 PS2 开发商。

XNA 和 DirectX

制作人要十分关注这个软件的更新。XNA 是在 2004 年的游戏开发者会议上首先发布的。

更多相关背景

微软为 PC 平台的开发做出行业标准 API 已经有很长一段时间了。他们从十年前就开始为游戏开发者所使用的图像和声音制作底层的 API 标准。如今微软也以 Xbox 加入家用机游戏的角逐了，他们也计划为跨平台图形开发建立一套行业标准。

他们最新的产品称 XNA。XNA 是在 2004 年游戏开发者会议上首次介绍的。目前 XNA 的框架支持 Windows、Xbox 和手机技术。未来微软希望第三方开发商能让 XNA 服务于其他的家用机系统，例如 PS2 和任天堂的 GameCube。无论是索尼还是任天堂都认同并期望看到这个项目落实。

XNA 包括了 DirectX 的最新版本和 Xbox 的众多工具，包括 Xbox 音效制作工具（XACT，Xbox Audio Creation Tool，它能让作曲家和音效设计师做出动态的效果并运用实时处理）以及 DirectX 的性能侦测工具（PIX，Performance Investigator for DirectX，它之前只能用在 Xbox 的开发上，但如今已经发行了 PC 版本了）。

DirectX（Windows 操作系统上一套高级的多媒体 API 套件）是微软在过去建立的众多行业标准之一。DirectX 是一种视窗技术，它能让你在 PC 上所玩的游戏或者观看的视频在图像（真彩画面、视频、3D 动画）和音效（环境声）有着更高品质的表现。在 XNA 引入后，DirectX 也会经历某些改变。过去 DirectX 有着以下的配套组件：

* Dircet3D：图形方面
* DirectSound：音效方面
* DirectMusic：音乐方面

＊ DirectPlay：联网方面

＊ DirectInput：输入方面

以下是 DirectX 在 Windows、Longhorn 和 XNA 的介绍里提及的下一代版本：

＊ Direct3D 会成为 Windows 图形基础（WGF，Windows Graphic Foundation），它会提供 Longhorn 桌面系统的基础。

＊ DirectSound 和 DirectMusic 会被 XACT 和 Longhorn 的 API 取代。

＊ DirectPlay 会增加 Xbox Live 的技术。

＊ DirectShow 会被一种新媒体的 SDK 取代。

＊ DirectInput 会保留原样。

微软并没有预期这个新标准会成为所有次世代平台的跨平台标准，但计划从所有的微软平台开始，慢慢再过渡到其他平台上。这套新标准的期望是很高的，假如它真如承诺那样，的确能为游戏开发工作室节省很多成本的。

鲁克·莫罗尼（Luke Moloney）访谈录

鲁克·莫罗尼是 Relic Entertainment 的创始人之一，是《家园》及《家园2》的首席程序人员。

问：你认为对于制作人来说什么问题是最有价值的？

答：我想对一名新入行的制作人或者设计师来说，最应该认识到的就是游戏的实际制作时间要比想象中长。我很多次听比较有经验的业内人士都说过这个问题。当制定时间进度时总是定得过于理想化，而实际上按照这个时间进度是无法完成工作的。

问：对于制作人来说，什么才是制作人最重要的品质，领导能力、理解能力、灵活性还是询问时要清晰明确？

答：你所说的这些品质都很重要。另外，要记住开发团队在一起工作是要互相配合的。要让团队成员按照一个标准进行工作，要让他们的想法尽可能的一致。具体地说就是让程序人员所做的程序符合美工人员和设计人员的标准。有种情况经常发生，程序人员往往想把程序做得从技术角度讲很酷，但是对于美工人员或者设计人员制作起来过于复杂。要把团队成员统一起来，让各个团队明确地知道互相的要求和标准。这样从管理角度讲，也可以降低管理难度，减轻压力，使项目进展顺利。

问：如果有人想成为成功的制作人，你有什么建议吗？

答：有些制作人总是给予程序人员过于宽松的时间，与此同时制作人应该谨慎估算时间，不要过于乐观。缺乏经验的制作人总会犯这种错误。优秀的制作人会将估算时间与实际消耗的时间相比，做出一个普遍使用的规律性时间衡量标准。制作人和首席程序员有很多机会交流，所以应该利用好这个机会来建立积极的关系。当交付日期临近时，程序员却想要重做游戏的一大部分时，可以利用与程序员之间融洽的关系，进行交流，看看是否真的有这个必要。有的东西需要重做而通常重做既耽误时间又会导致bug出现。孰轻孰重应该好好斟酌。

问：有没有什么软件值得制作人深入发掘？

答：在我做过的项目中我使用了很多软件，像 Microsoft Porject、Excel、Outlook 等等。多数情况下，我们只是使用了它们的一部分功能。我认为制作人应该利用某个软件的完整功能来帮助团队进行开发，使用软件太多太杂有其弊端。有可能会出现功能交织，比如在一个软件的文档里说明某个 bug 已经修复了，但是在另一个管理软件里显示该 bug 尚未修复，造成这种数据不统一的情况出现。所以我认为，使用工具软件的时候不要太多太杂，能少尽量少，尽量去开发一个软件的其他功能。

问：在协助制作人进行进度制定、项目进程跟踪等工作之中，你有何经验？

答：就如同我刚才提到的，准确地估算完成时间是非常具有挑战性的工作，特别是估算程序人员的工作完成时间。程序制作的实际时间与计划时间通常相差一半左右，而制作人的难处在于预测计划时间是长了还是短了。所以必须每次把实际完成时间与计划估测时间相比，从而便于下一次估算完成时间。单纯时间估测的水平不好不会影响项目成果。

　　同样，每个里程碑都需要复查进度表，不要惧怕复查进度表。保留失效的进度表以备之后总结经验之用。

美术制作工具

　　美术制作工具要远多于程序软件，在选择美术工具软件时要慎重考虑。

Maya 6.0——Alias

　　该软件是当今业内首选的两大 3D 动画制作软件之一，还可以用于高端电脑构图。它的功能十分强大，可以处理几乎所有的 3D 制作工作，比如模型构建、动画制作、描绘、编辑、渲染以及电影特效等等。

　　Maya 最大的缺点在于它的多边形建模工具。Maya 在开始时只是一个 NURBS（Non – Uniform Rational B – Spline，非均匀有理 B 样条曲面）建模程序，同时也有着略差于 Discreet 的 3D Studio Max 的多边形建模工具。用户也一直抱怨为什么 Maya 那曾经革命性的 GUI 在它的程序加入了各种崭新有用的功能后还不更新一下，Maya 最受游戏开发者欢迎的开发包 Maya Complete 是明显比 3D Studio Max 和 XSI 便宜的。

3D Studio Max 7——Discreet

　　该软件在游戏产业中被广泛应用，它拥有的几大关键优势是其他软件无法超越的。在其他 3D 软件中也名列前茅。该软件可处理所有 3D 方面的工作。

更多相关背景

　　3D Studio Max 是游戏开发的 3D 程序中主流的引领者。很大的原因在于它占据了 3D 软件行业早期的主要席位。3D Studio Max 在游戏开发中的成功主要来源于它的多边形建模工具。这个程序在建模工具上主要侧重于多边形建模而不是 NURBS 建模，因此它在这方面有着所有 3D 程序中最棒的工具。3D Studio Max 还以最高效的工作流著称。

提示

无论是 3D Studio Max 还是 Maya 都有着庞大的社区支持和插件开发者。你可以在网上找到很多教程，这些教程涵盖了这两个程序里的任务特性。但对这两个程序真正带来灵活性加成的是它们都能附加插件。你能从数千种插件里自由搭配，从而能加入各种新的功能和工作流上的提升。

XSI 4——Softimage

Softimage 公司是电影动画产业中的佼佼者，但这并不意味着其只能应用在电影业，在游戏中也可以得到很好的应用。该软件的优势在于其编辑、剪辑功能十分强大。

更多相关背景

在 3D 工具三大竞争对手之中，XSI 在游戏开发中的使用率是远远落后于 3D Studio Max 和 Maya 的。其主要原因是因为它们的授权费的总是。只有那些具备有知名影视部门的开发方才能在北美用这个工具。（但如今 XSI 4 是日本游戏开发中最受欢迎和最常用的程序了。）在 XSI 4 这个新版本里，Softimage 做了一个很值得一提的尝试去克服这个问题——其工具程序的每一个可用的开发包都在价格上明显下降了。

新版本 XSI 4 是自从 1.0 版本后的最大一次更新，它让 XSI 更新近于 3D 领域里的两个主流程序了。新版本中极大提升了程序的建模工具，让它更新接近于 Maya 的标准了。

XSI 在动画和渲染上有着超越竞争对手的优势。其他程序如今在动画上还是落后的，但无论是 3D Studio Max 还是 Maya，现在也有着类似的渲染技术了。XSI 的 GUI 也是很高级的，你只要花点时间去学习，就会发现它是一个很高效的开发工具。

提示

程序员都不喜欢抄袭其他人的代码。当面对修改某人的代码或者从零去做一个插件或工具这两种选择时，程序员通常会选择后者。这通常是错误行为，优秀的制作人应该着手纠正这种思想，并阻止这种倾向。

Photoshop CS——Adobe

该软件在目前的游戏开发中被广泛应用，是游戏制作的必备软件。这款软件作为功能强大的跨行业多功能软件广受人们喜爱。

更多相关背景

Photoshop 在游戏开发的每个阶段中都会用到，包括从前期制作到最终完成并市场推广的各个阶段。它远远优胜于行业中的其他竞争者，是每个大公司都在用的行业标准。

美工人员用它来做出游戏环境和角色的设定。所有游戏里的贴图也是通过用 Photoshop 以及它那出色的工具来完成的。策划用它来画关卡规划和界面示意图。游戏的截图也通过 Photoshop 来加工，让它变得更华丽再发布出去。

Photoshop 从很多年前开始就在行业里占主导地位了，因此它能适用于任何形式的管线，任何美术人员也能用它来大幅提升工作效率。程序人员经常运用复杂操作只能做出一个简单的动作，随后任何美术人员都能通过点击一下按键就完成大量乏味耗时的任务了。

FaceGen Modeller 3. 0——Singular Inversions

脸部成像软件可为游戏制作多个角色。它可以快速地做出人物角色的脸部及头部模型，形态逼真。

更多相关背景

FaceGen Modeller 系列曾经得到过很多荣誉，包括 2003 年

《游戏开发者杂志》的前沿奖。FaceGen Modeller 是一个强大而又让人吃惊的简单易懂的 3D 头脸创作工具。它能快速高效地做出真实或者夸张的面部模型。

作为一项美术工具，它可以只点击一下按键就做出一个 3D 头部。其模型和工具都是很灵活的，让美术人员能通过一系列的滑块不断调整成他们想要的样子。滑块能定义出性别、种族、体重、表情，以及其他特征。大多数的细节都能通过简单滑块调整。FaceGen 里的模型能很容易地导入到任何一个主流 3D 程序里。它的 SDK 也是很灵活的，能很轻易地整合到大部分的引擎里。

美术人员还能利用它的 Photofit 功能来把一张照片做成一个精细的 3D 模型。要做出这个模型，美术人员必须遵循着软件的要求提供多张照片。这些照片会发送到 Singular Inversions 的在线服务，在数分钟后，美术人员就能看到精细的头部/脸部了，接下来就随时可以进一步修改了。

该程序唯一的缺点是无法手动地创建成品，只能通过它们的在线服务来完成工作。

Zbrush 2——Pixologic

这款软件的特点在于使艺术模型软件呈现出传统艺术创作的过程。它可以辅助制作人员做出逼真的环境多边形模型，是制作地图场景的绝佳工具。

更多相关背景

Pixologic 的这个全新的 3D 工具让整个行业都震惊了。Zbrush 是一个崭新的革命性 3D 建模工具。通过这个工具，建模的过程变得和传统雕塑几乎一模一样。

这个工具在次世代游戏开发里是很有用的，因为这类游戏能处理的多边形数量很多。Zbrush 里做出的模型能很容易用到法线贴图上，这是大部分次世代硬件都能处理得很好的。当前的版本 Zbrush 2 对 1.5 的版本做了很大提升。其 GUI 都重新更新了，变得更直观易懂，且耗时更少。当前版本在新材质类型、建模技术和雕刻笔刷上都做了更新。软件后续的开发结合了游戏行业专家提供的一些意见，让软件变得更符合行业的需求了。

Granny 2——RAD Game Tools

RAD Game Tools 已经为游戏制作人员提供工具软件许多年了，其稳定性得到了业内人士的好评。Granny 2 是目前最先进的付费软件，它能够完成所有艺术素材，包括模型、渲染、过场动画的植入。

更多相关背景

Granny 2 是 Granny 3D 工具的最新版本。美术人员可以使用 Maya 或者 Max 做出模型，然后把模型放到 Granny 里。

Granny 可以作为游戏的一个批量输出工具。你可以把所有 3D 资源都放到 Granny 里，然后它会顺利地把它们转化成你的游戏引擎所需要的文件格式。美术还能用 Granny 来操作这些模型。Granny 本身带有强大的动画功能。它能用来操纵已有的动画、做出新的动画、加入动作融合和 IK（反向动力学）动画。而后 Granny 能把这些都无缝地加入到你的游戏引擎里。

Granny 能够处理顶点动画和顶点编辑。它能生成法线和纹理贴图。美术人员可以自由地用高精度纹理，随后 Granny 会在输出时把纹理转换成游戏引擎合适的尺寸。

Granny 能作为引擎的解释工具，可以用作完整的运行系统或者是自定运行系统中的一部分。Granny 也可以用来预处理，包括压缩、转换、中心调整和解压。

Granny 的 3D 工具包现在能用在 Windows32 位系统、Mac OS X、Xbox、PS2 和 NGC 的开发上。

游戏组件工具

游戏组件指游戏的基本环境构架，如几何构型、描绘和场景的构建，叫做中间件。

Havok 2——Havok

Havok 2 是目前最先进的 real – time 物理引擎，如果你想把你的游戏效果做得极为逼真的话，建议使用这个中间件。它也是目前最好的仿真游戏中间件之一。

更多相关背景

Havok 物理引擎被誉为游戏开发里自从 3D 图像出现后最棒的事物。Havok 引擎能让游戏里模拟现实，它的动力学效果让近期很多 FPS 游戏都加入了众多崭新的玩法。Havok 和 Havok 2 分别在 2002 年和 2003 年赢得了《游戏开发者杂志》的前沿奖。

Havok Game Dynamics SDK 是当今市场上最快和最灵活的跨平台游戏动力学解决方案。Havok 如今能在 PS2 上表现出超过 10 个实时物理控制的 rag – doll。Havok 的团队一直都专注于如何做出用处很大的具体解决方案。这种做法使得 Havok 成为游戏行业中第一名的中间件物理系统提供商。

RenderWare——Criterion

EA 近来凭借这款工具成功打入工具软件市场，这款软件也向世人证明了 EA 做工具软件也同样出色。

更多相关背景

Criterion 的 RenderWare 是目前产业中占有领先地位的中间件供应商，拥有超过 500 款处于开发阶段或发布的合作产品。RenderWare 投资开发了大量的相关开发工具。其中间件功能涉及图像、物理、AI（智能）和声音等方面。

Criterion 提供极可靠的客户服务，从而吸引了许多固定客户。RenderWare 目前可以使用在 PS2、Xbox、NGC 和 PC 上。许多迹象证明，RenderWare 可以适用于下一代平台上。RenderWare 完整的中间件处理功能相对适用于小型开发方。大型开发方和出版方通常与顶级的专门中间件开发方合作，例如使用 Havok 的物理引擎。

这套处理工具的弱点在于开发方理解其操作方法的学习曲线

问题。RenderWare 的开发包是一套很庞大且很复杂的工具，其通用性较强，能够提供全面的解决方案。但也因为它没有侧重于某一领域，所以就某个专门性问题该中间件的功能则逊色于其他专门性的中间件。

Gamebryo——NDL

Gamebryo 是一款能够帮助开发人员快速制作原型版的软件，其运行稳定，功能强大，是目前比较好的实时引擎。它是建立在 NetImmerse 中间件基础上的 3D 图形实时引擎。

更多相关背景

Gamebryo 是一个 3D 图形运行引擎。它强大的渲染引擎有着全新的像素和顶点阴影着色程序系统。这套 Shader 系统能支持用户自制的 Shader，也能使用 RenderMonkey、cgFX 或者 HLSL 提供的 Shader。Gamebryo 也提供了一些单独购买的 Shader。

Gamebryo 有着一套很先进的动作系统，它能处理 3D Studio Max 和 Maya 里能做出的几乎所有的动画类型。该系统还能在角色和动作融合层之间共享动画数据。

使用 Gamebryo 中间件并在商业上获得成功的游戏多数是 RPG 和模拟类型。

Quazal——Quazal

Quazal 属于网络建筑中间件，已经打入大型多人在线游戏市场，它也正在开创这个领域的新大陆。运用这个工具可以制作可供一家人一起玩的游戏，提供 2 ~ 32 人一同游戏的大型平台。Quazal 为用户提供扩充功能，最多可供 32000 名玩家一同娱乐。但是这么多人一起玩绝对需要很多电脑。

更多相关背景

Quazal 对在线游戏和社区基础结构提供了很棒的解决方案。它有着三个不同的产品：Net – Z、Rendez – Vous 和 Eterna。这三个产品都是在线体验的灵活且可靠的基础结构。Net – Z 是打头阵的产品，该软件能够支持 2 ~ 32 人联网游戏。

Net－Z 是很容易使用且很灵活的游戏网络引擎。它有两种变体，每一种都能满足不同的需求。其中之一是传统的 Net－Z 基于对象的联网，它的概念是通过复制对象的方法，把母体的信息推送到各个复制体上。该系统能用上屏蔽延时和减少带宽等技术，例如推算定位法。而且 Net－Z 的这种变体也支持完整容错和负载平衡。另一种变体是确定性同步模拟方法（deterministic Sync-Sim）。它最适合用在游戏双方不能出现任何差异的游戏里，也就是以同步模拟的方式运行。包括体育类游戏、格斗游戏以及其他类似类型的游戏均可运用这种同步模拟方法。

Quazal 的第二线是 Rendez－Vous。这个架构不是为游戏场景而设的，而是为在线大厅和社区而设的。它提供了一个完整规模的网络游戏大厅服务的方方面面，包括验证、配对、好友列表、比赛、团队、消息收发等等。它有着极大的灵活性，有着一个面对开发者开放的后台数据库，开发者可以用基于 Python 的脚本来为游戏增加和挑选最合适的功能。

第三个产品是 Eterna。Eterna 是一个多人在线游戏网络产品，在最近可能还会经历一些根本性的改动。我会在下一部分"其他多人在线游戏引擎和中间件"里更详细地谈到它。

其他多人在线游戏（MMOG）引擎和中间件

MMOG 经过了多年的开发已经便得成熟起来，而它的开发过程确是十分耗时耗资的。面对一个如此庞大的游戏世界，其工作着实非常繁重，开发人员花费了大量心血。这就留给制作开发人员很短的时间进行革新或艺术加工。为了改变这一局面，开发人员争先恐后地开发能够让他们的工作变得轻松的工具包，从而让他们不必在框架构型上花费太长时间。

多数大型 MMOG 开发组织通常会自己开发自己使用的工具或引擎。但是制作团队由于资源匮乏而不得不在第三方软件中寻找自己需要的东西。以下是几个 MMOG 游戏中间件的简要信息。

Big World——Big World Pty Ltd

Big World 包括以下功能：

* 动态可重建服务器结构

* 先进的 3D 引擎

* 场景编辑器、微量编辑、模型查看

* 实时管理工具

Big World 的产品是一种完善的多人在线游戏中间件。

Terazona——Zona Inc

ZAF（Zona Application Framework）包括以下功能：

* 提供灵活的、用户可定的智能决策更新收件人的功能

* API 可提取复杂信息

* 系统命名

* 常规游戏功能，比如聊天功能等

* 当群集模式启动时可以自动进行故障切换

* 有平台管理系统

* 游戏管理界面，用来解决用户遇到的问题

ZGF（Zona Gaming Framework）包括以下功能：

* 游戏控制界面

* NPC 观察构架

* NPC 地图载入界面

* 实体管理构架

* 安全构架

* 合同构架

Terazona 为开发人员提供三个等级的版本：Terazona Community Edition（上限 500 人），Terazona Standard Edition（上限 2500 人）和 Terazona MMOG Edition（上限 32000 人）。

音效工具

对于制作人来说，重要的是要弄清楚音效工具的种种限制与自由。音效作为游戏中的重要组成部分，制作人一定要重视。

多音轨数字声音文件编辑器

这里有很多音效制作的专业工具，可以帮助你把游戏音效做得更好，包括 ProTools、Nuendo、Vegas、Cubase SX、Logic 以及 Digital Performer。它们各有长处优势，读下面的内容，然后和你的音效专业人员讨论相关问题。

多轨数码音效文件编辑器可供作曲人员制作声音文件或混音。和你的音效专业人员讨论这个工具能否供团队使用以及讨论线性或非线性音乐的优势。

立体声数码声音文件编辑器

声音文件编辑器用来完成音效的基本部分。建议使用 Sound-Forge 和 Peak。立体声数码声音文件编辑器主要用来完成音效的制作。

更多相关背景

这些程序可以用来录制高质量音轨，其优势在于它的声音编辑功能。其简洁易懂的界面可以使人员较好地进行单轨音效编辑工作。其数据库内蕴含大量音效，而且每一种音效都可以进行调整，赶到工作人员满意为止。

这个工具可以为游戏做出出色的游戏音效，但是并不适用于音乐的制作，此时具体问题需要咨询你的音效人员。

音效库

有太多太多的音效库可供选择，有好莱坞之巅、Sound Ideas，同时也需要太多太多的许可费。

市场有一百多种不同的音效设备，根据你制作的游戏的具体情况，你也可能需要你自己制作的音效，也可以从这些音效库中选择。好莱坞之巅和 Sound Ideas 只是两个比较流行的音效库。会有人告诉你哪些需要付费，以及需要哪些音效。

环境音效编码器

声音和环境音效编码器从游戏产生就出现了，有些比较著名的产品，比如 SurCode 和 Nuendo 等。

这些工具是用来把音效和音乐整合在游戏中的。每个人有每个人自己喜欢使用的工具，但是在这里我给出一些建议。与你的作曲人员和音效制作人员协商决定游戏的方案。是否需要 3D 音效，以及声音和音乐在互动体验中所占比重究竟是大还是小。如果你的游戏引擎不支持 3D 音效或你的设计方案对声音有特殊要求，以下是几个解决方案。

声音合成：GameCODA——Sensaura

GameCODA 有点像 3D Studio Max 的声音制作版。它为开发团队提供了近乎完美的音效合成功能，可使用于多种平台。完成游戏需要这个软件。与专业人士探讨音效合成的问题以及该软件是否适用于你。

更多相关背景

GameCODA 是个跨平台的声音合成中间件，兼容 PC、PS2、Nintendo GameCube 的游戏开发。该中间件自 2002 年在游戏开发者会议（GDC）上首次发布以来已用于 Lionhead Studio、Activision、Codemasters 和 SCi 的多个单一平台或跨平台产品上。

该工具适用于任何开发模式的声音合成，特别对于跨平台开发的团队尤为有效。使用一种中间件来处理所有类型的问题既省钱又省时。GameCODA 不仅可用于跨平台产品开发，而且其高品质的声音可以用在任何平台上。即使 Xbox 有功能强大的声音引擎，与其他平台的声音效果也是没有太大差异的。

GameCODA 为程序人员、关卡设计、音效设计人员及音乐制作人员设计的便捷工具，关卡设计人员可以通过 3D 合成界面在游戏中放置声音文件。

场景构建工具

Unreal Engine 2——Epic Games

Unreal Engine 2 是一款比较完整的游戏开发引擎，它提供了比较全能的关卡编辑器、过场动画系统、几何构建、3D 图形引擎、描绘以及 AI。

Unreal Engine 2 是目前最强大的 3D 引擎之一，你可以通过两种方式得到它，可以通过购买许可，它可以适用于多种游戏平台。无论谁购买了 Unreal 的任何一款，都可以获取免费关卡编辑器。

关卡编辑器可供制作人员增加人物角色，修改游戏，许多大型游戏都是用它做出来的。

Unreal Engine 2 可以完整地制作游戏框架构建。

Neverwinter Night Engine——Bioware

Neverwinter Night 是用来制作大型角色扮演类游戏的，它是一款比较完整的游戏引擎。

NWN 引擎最先于 2002 年应用在角色扮演类游戏上。

更多相关背景

NWN 引擎最先使用于 2002 年发布的备受赞誉的 RPG 游戏《无冬之夜》，之后 NWN 成为了 Bioware 的主力工具。由于其没有商业授权，所以该工具只用于 Bioware 内部产品中。

每个使用 NWN 的游戏产品都会随产品发布一个名为 Aurora 的免费工具，该工具包含一个 3D 关卡编辑器及一套脚本语言。Bioware 拥有一个庞大的游戏玩家组成的团体，团体成员踊跃使用 Aurora 来制作游戏模块（mod），有的做得比较出色的游戏模块还在 Bioware 的网店上进行销售。

Quake 3 Arena Engine——ID Software

Quake 3 引擎虽然比较老，但是功能还是非常强大，在 2005

年末，这款引擎开始免费使用，对于预算有限的项目来说，这个无疑是个好引擎。ID 是个老牌的引擎开发公司，该公司制作销售引擎的历史要长于任何一个引擎制作开发公司。该引擎被用在整个《雷神之锤》系列当中，并因此闻名世界。

ID 软件很少做商业广告，但是想买的人还是很多。今年来该引擎也有很多的闪光点，比如引擎被用在《使命召唤》、《重返德军总部》和《爱丽丝梦游魔境》上。

Source——Valve Software

Source 是 Valve Software 的新产品，有功能完善的关卡编辑器、动画系统、图形、3D 图形引擎、渲染和 AI。

更多相关背景

Valve Software 是近期才向第三方发售引擎的，他们的引擎被用在著名游戏《半条命 2》上。这款引擎提供了人物角色动画的新技术，先进的 AI，实景图像，光影渲染等等。引擎所包括的物理引擎是目前业内比较先进的。

Source 为人物动画、高级 AI、实时场景物理效果的渲染都提供了崭新的技术，其物理效果系统是建立在目前最先进的物理引擎 Havok2 之上的。Source 将会成为业内主要场景结构引擎。

《半条命 2》中会包含一个免费的 Souce 场景关卡编辑器及一套脚本系统，玩家可以运用这个软件来编辑游戏模块，由于该工具比较新，所以目前没有用该工具编辑的规模较大的游戏模块。但是除《半条命》之外，还有一款利用该引擎制作的游戏。

进度表工具

尽管说在进度制作中没有什么唯一选择，但最好的方法还是使用一些工具来帮助你完成这些繁琐复杂的任务。制作进度是个很好的方法，其实无论做什么工作都应该有个进度的安排。以下的内容对于制作人、项目经理或者任何工作负责人都是有用的。

Microsoft Excel

这款软件大家一定很熟悉，它也是这类软件的鼻祖之作。

制作人应该对这款软件更为熟悉，制作进度管理项目，用这款软件再好不过了。利用这款软件，制作人可以轻而易举地跟踪管理成百上千个游戏制作单位。

尽管 MS Excel 没有太多先进的进度表功能，但是小项目或者一个大型开发团队中的一个部门使用这款软件会感觉非常得心应手，这款软件支持在 workbook 和 Excel 文件间建立链接，这对于管理任务来说是非常灵活好用的。

Microsoft Project

Microsoft Project 虽然比较复杂，但是非常实用。制作人对这款软件也应该非常熟悉，这是一款功能十分强大的进度制作和管理软件。尽管现在市面上有很多管理软件，但是这款软件是目前最全面的管理软件，可用在大小项目、大小团队、大小公司的管理上，程序是以方便管理进度、风险、资源、里程碑、团队会议和财政等而设计的。

该软件具备极为灵活强大的进度制定功能，自动跟踪任务完成情况、里程碑、资源以及全部过程。

Alienbrain Studio 7——NXN Software

该软件是款老牌软件，它最开始是个数码素材管理工具，逐渐演变成项目管理软件了。其操作人性化，界面友好，它的前 5 个版本都是以数码素材管理为主要功能的软件。

Alienbrain 支持所有素材格式，可以配合使用 Maya，3D Studio Max，PS 等。在第六代之前，产品缺乏源码管理和版本控制功能，但是在 2003 年，NXN 公司公布了他们的新产品——第七代。第七代软件更趋向一站式工具，但这款软件的缺点就是太贵了。

制作产权工具

当你不得不自己制作产权工具时，你需要记住一些规则。尽管有人建议将开发工具产权保持在有限范围内，但是有时你无法制作另一个工具。下面的内容重点讨论一些有关建议。

设计叙述清晰

在开发的任何阶段，清晰的交流都是十分重要的。制作产权工具时也不例外。程序人员需要经常与工具使用者进行交流，关卡设计人员需要详细叙述他们在制作中需要哪些材料工具等等。运用他们的知识来计划产品工具。要把他们的要求详细记录，这样根据他们的要求设计出来的工具应该会满足他们的使用。

另外，设计师应该在源码设定完毕之前设计该工具软件。在源码完成前先对工具软件进行设计可以节省整个项目的时间。

当游戏功能合成完毕之后，要确定让每个部门测试他们的工具。有些功能能够设计得更易于操作使用，有些则不是，所以一定要让每个部门把对于工具的要求详细地写清楚，把细节写清楚，细节的内容越详细，越能为程序设计人员节省设计时间，也能够使所设计的工具符合自己的使用习惯。

工具的使用

当工具开发制作完毕，那么下一个问题就是如何使用它了。所以需要把每个工具的每个功能的使用方法以文档形式编辑，尽管这样做可能会显得很古板，但是从长远意义上来讲，这样会节省很多时间。因为如果没有书面的使用说明，团队成员们只能口头传达使用方法，这样很可能会导致出现错误，在交接工作的时候也会浪费时间。没有书面文件，就需要设计师向大家讲解使用方法，如果来了新人还需要再讲一次。

测试整个植入过程

当使用者测试功能之后，要马上给予反馈，以便尽快修复工具中出现的错误以及设计不合理的地方等等。测试软件运用植入法（如图7.1所示）。当所有的工具都已经完成后，用它们测试植入过程。要确定植入过程没有问题，尽可能的顺利。顺利的植入会节省很多时间。

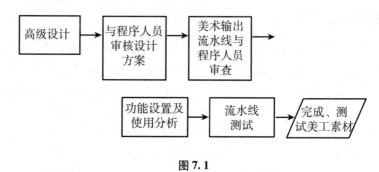

图 7.1

更新工具

有些工具专属数据的格式在经历一段时间之后不可避免地变得不再适用，这时你需要根据游戏开发的进程对工具进行更新和改良。特别是在引擎中加入新功能的时候要进行工具的更新。有个办法就是为工具的开发制定一份带有里程碑的计划表，要确保该计划与游戏开发进程是相匹配的，当新功能加入时，相应的工具也要随之更新。

网上有许多文章是关于工具开发中哪些是需要去做的哪些是不能做的，而工具开发则成为无论是做得正确或者做得错误的关键之处。

在 GAMASUTRA 官网上有专门的文章谈论游戏工具的更新，你可以借助这些经验来完善自己的产品。保罗·弗洛斯特在该网站上发表过一篇不错的文章，是关于《阿瑟龙的召唤2》的工具开发问题。想必会对需要这方面经验的人有所帮助。

素材管理及步骤

随着成百上千的素材植入游戏，有些工具可以用来辅助工作。

版本控制系统

Preforce、Visual SourceSafe、CVS 以及 Test Track 都是可供选择的软件。任何项目都是有很多程序人员使用一个源码，这就需要一个好的版本控制软件和源码管理程序软件。要在购买许可前与相关专业人员讨论。

制作人需要了解的问题

任何一个项目都会面临多名程序人员共同处理同一个源码的局面，此时就需要一个好用的版本控制及源码管理工具。但是目前可供选择的此类工具比较多，所以在购买授权的时候要咨询技术人员。

更多相关背景

一个项目开展中需要多名程序人员的介入，源码是不断更新的。要避免多人修改同一源码所造成的错误，此时你便需要一个功能良好的控制工具。该工具应具备操作简便、界面简洁的特点，并且能妥善地跟踪管理各个版本，便于程序人员将自己处理的源码与其他人处理的源码进行整合。同时要让其他程序人员看到哪些源码是修改过的，哪些是尚未修改的。这种工具有游戏开发过程当中是必不可少的。

在此类工具中，CVS（Concurrent Versioning System）是唯一可供免费使用的工具。CVS 宣称可以处理所有的问题，但是其 GUI 比起同类高端产品，如 Perforce 还是略逊一筹。

协商技巧与相关建议

制作人若想得到合适的工具，这里有几点问题是值得一提的。我与第三方供应商的关系一直是不错的，比如NVIDIA 和 ATI。我要求他们提供最新的硬件时他们会以很低的价格甚至免费向我提供。但是要确定这些新型硬件是否与软件相兼容。有时在遇到发布会的时候我会让第三方供应商提供笔记本电脑以供演示，而你要做的就是说说你的产品在这个品牌的电脑上运行有多么流畅即可。

Alienware 也会以减价的形式提供特定的硬件产品，在与其合作的过程中我发现，双方的市场部门接触之后会很容易地找到一种双赢的方案，他们在为客户提供产品时很灵活，也同样愿意在客户出现硬件情况时提供解决方案。

结束语

关于管理软件，还有很多要说的。很遗憾的是这里没有将全部的内容都涵盖在内，但是我们为你提供了一种方法，一种思维方式。更好的方法、更好的软件需要你自己去尝试发掘。

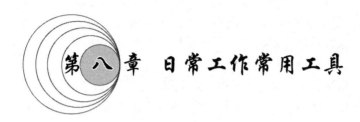

第八章 日常工作常用工具

在这一章里，我们主要讨论一些成功的制作人在以往的项目中使用过的常规工具以及技术方法。虽说本章没能够囊括所有的工具方法，但是我们所介绍的工具方法可以使您的项目日常工作变得更加规范，目标更加明确，进程更加简化且高效。这些问题的关键就在于抓住工作重点概要，针对不同情况不同团队的工作分工来分配不同的任务，因地制宜。优秀的制作人通常会采用一种"抓住框架"的工作方法，采用正规的项目进行形式及进程解构，确保不会忽略重要的进程。但是不要太过程式化，某些方面可以灵活处理。要知道想把创意变成具体计划并不是件轻松的事。

游戏制作开发进程

本节将详细介绍一些步骤与程序的细节内容，游戏制作人可以运用这些步骤和程序来跟踪项目进程发展并且确保与制作团队、管理部门和出版方进行有效的沟通与协调。

日常工作增量进程报告（daily delta reports）

从以往成功的经验可以总结出，成功的项目在这个阶段工作的第一步，也是最重要的一步就是运用日常工作进程报告和报告结构（reporting structure）。本节将简要介绍日常工作增量报告的使用方法。在这个过程中，让每一名团队成员每天上交一份个人当日工作完成情况清单，如果某名成员在当日没有完成任何工作，那么该成员应该在清单上注明他（她）正在处理而尚未完成的工作内容。但是还是要争取让每人每天至少完成一项任务。

团队成员则应该将他们的工作任务归纳分化为易于处理的条目，这样可以使复杂的工作变得条理清晰。虽然不是所有工作都可以进行归纳，但是我们还是要努力使工作变得简单清晰。日常工作指数报告在次日早上反馈给团队成员，具体步骤如下：

1. 在每个工作日的 17 时，发给团队成员每日工作报告的 E-mail 提醒，其标题为"每日工作进程报告【日期】"，这项工作耗时约 30 秒。

2. 团队成员以清单形式简要回复每日工作报告 E-mail 提醒，将其当日完成的项目列出，此项工作耗时约 90 秒至 2 分钟。

3. 次日，制作人或助理制作人做的第一件事便是阅览所有的 E-mail 回复，这项工作耗时约 5~9 分钟，根据回复数量而定。如果某名成员请假，制作人或助理制作人要在报告中明确标出。

4. 无论谁来负责报告的公布，都要把收到的回复按设计、艺术部分、程序制作部分进行分类，然后根据分类对人员进行部门阶段规划。比如艺术部分人员进入艺术部门。

6. 公布的报告如表 8.1 所示（见 173 页）。

运用日常工作进程报告的优势所在

对于一个大型的制作团队，运用日常工作进程报告是一种较简明扼要、方便有效的跟踪项目进程的方法。尽管有些团队可能在刚开始的时候对于这种新的方式会有些抵触，但是当他们认识到这种方法的优势时，相信他们会接受这种方式的。以下是运用日常工作进程报告的优势：

* 包括了低系统要求和时间要求的情况
* 可以纵览整个项目的进展情况
* 相关部门可以轻松获悉相应的工作进展情况
* 方便与项目进度表相对照（根据进度表对照的每日工作指数报告可以获悉每名团队成员的完成情况）
* 在大型团队里确保以高效的方式与团队各个部门进行沟通交流以及管理

* 可以利用每日工作报告复查项目执行方针和资源分配的效
用情况，可以根据目标对相关决策的效果进行分析

表8.1　每日工作进程报告的样表

项目 X 每日工作进程报告　　2004 年 4 月 28 日，星期二

"生命的最佳用途是延长生命。"

威廉·詹姆斯（William James）（1842 – 1910）

程序工作部分

程序人员 1（姓名）

—occlusion task

—fixing JArchive

程序人员 2（姓名）

—与第三方许可方人员会面

程序人员 3（姓名）

—复查第三方许可技术 & 起草 lessons

程序人员 4（姓名）

—与 BW 人员会面

程序人员 5（姓名）

—修复的战斗碰撞 bug

—目前正在处理自动模块系统（automated build system）

设计工作部分

设计人员 1（姓名）

—处理 spawn tool working

—战斗部分（combat meeting）

设计人员 2（姓名）

—knee specialist（urgent surgery coming up——doh!）

—与出版方代理人会面

—考虑申请统计帮助（considering some professional stats help）

设计人员 3（姓名）

—player housing

设计人员 4（姓名）

—完成了技能属性点的制作

—阅读了一些设计文件，有关于艺术风格的文件

设计人员 5（姓名）

—分析了游戏操作平衡性

—背景故事

设计人员 6（姓名）

—完成了按设计计划首个 AI 草图

—过场动画

美术加工方面

美术加工人员 1（姓名）

—复查了 NICK CONCEPT ART

—added to style guide

—added to creature doc

—looked at the required scale variations for our buildings

—started rough scale mock up

美术加工人员 2（姓名）

—肩膀和肘部曲面测试

美术加工人员 3（姓名）

—完成的项目：

007_ Battle_ Circle_ 003_ Gate. psd

—刚开始制作的项目：

010_ Herbalist_ Revised_ 003. psd

美术加工人员 4（姓名）

—完成了战斗动画

美术加工人员 5（姓名）

—新战斗系统的额外要求

本阶段的其他合同人员——如音效配音人员或外包复审人员

合同人员 1

—网站开发策略

—组建系统反馈文档

—审查风格导向

源码控制报告和版本控制报告

（source/version control reports）

也许你有许多种可供选择的版本控制工具，但是我还是推荐

Perforce，Perforce 以其强大的功能优势吸引了诸多开发人员的注意。多数的版本控制软件都可以将每个游戏编码文件列出清单，这是大多数版本控制软件可以为您提供的功能。

提示

当使用版本控制软件前要花一定的时间来熟悉该软件的功能和使用方法，这对于制作人来说相当关键，否则就会犯些不必要的错误。有一次我一边打电话一边审查一份文件，突然我意外地查阅了整个数据库，包括自己无权查阅的他人的文件。这就导致了工作中断，要知道当一个程序人员来问你为什么查阅他的代码，这是很尴尬的。

运用 Wiki

如果你没听说过 Wiki 那么就来读读这个吧。其实在有人推荐我在 gamasutra.com 上看了杰米·弗里斯特伦的文章 *manager in a strange land：collaborative with Wiki* 之前我也没听说过 Wiki。

Wiki 是协作性文档，是种自由讨论、创造性工具（brainstorming），运用 Wiki 是最佳管理设计文档的方法。当你无法建立一个内部局域网来管理各种记录和设计进程，或者建立局域网的工作量过大时运用 Wiki 无疑是个最佳的解决方案。

提示

登陆 http：//openwiki. com 可以免费下载 Wiki。当安装完毕后需要更新数据（这个软件会自动提示你需要下载更新什么组件）。此软件安装过程和安装 QuickTime 一样简单。

Wiki 的工作方式：只需在 Wiki 里增加或修改目录，然后双击文档选项，软件会自行更新文件，利用 Wiki 可以十分便捷地管理创意思路和技术设计文档。Wiki 亦可以将所有文档综合整理并按照文档的级别从高至低进行排列，在程序任务清单上每个单独的项目任务会附上一两句描述，清晰易查。这就方便了程序人员对经过测试生效的功能进行细节注释。

这样方便了在版本控制中植入常见问题解答（FAQs），同样可以使登记测试美术素材的所有步骤变得轻而易举，甚至连流水线描述及当前制作的游戏板块检测排故诸如此类的繁杂工作也变得轻松不少。

也许你会担心团队里某位成员可能会修改重要目录，幸好Wiki 的版本控制具有恢复所有近期修改、编辑、修订的功能，这样制作人可以获悉什么人什么时候修改了什么，十分保险。

Wiki 也有它的缺陷，其中一个问题就是文档打印的问题。有些即便是可读的文档也无法以其原有形式打印出来，需要花点时间将这些设计文档或里程碑转化成 Microsoft Word 格式。

你也可以通过 E - mail 连接 Wiki 更新设计文档。尽管不能保证所有人都会通读整个文档，但至少当你安排会议讨论关于特定功能的问题时，与会人员可以迅速浏览设计文档的最新修改。

Wiki 可以使文档更新变得轻松，使团队协作更加高效，使跟踪修改更新更加紧密。不要让团队自己来做这些工作，你要使Wiki 像病毒一样来感染他们，要让每个人在工作中使用 Wiki，这样一来工作进程就会有效地分离开，使效率最高化。图 8 - 1（见177 页）是 Wiki 样表。

团队会议

这里你首先要想到的一件事就是，你聘用团队成员是花销巨大的，所以你要让他们能够创造相应的价值。任何一名团队成员闲坐 15 分钟所花费的成本就接近 15 美元。想想看如果你召集 30名成员在一起开上 30 分钟的会其成本约为 900 美元。把这些钱花在其他有用的地方不是更好吗？因而当你准备开个全体会议的时候要先想想这个问题。

尽管说团队会议成本昂贵，但是还是需要会议这种形式来为团队工作作出指示。开会前做好议事日程很重要，这可以提高会议效率。以我的经验，在工作阶段每月开一次团队会议为好。会议期间，你要针对游戏进程进行明确的工作布置，提出工作目标并针对目标传达你的工作计划，同时要确保每个人通过会议可以得到明确的指示。

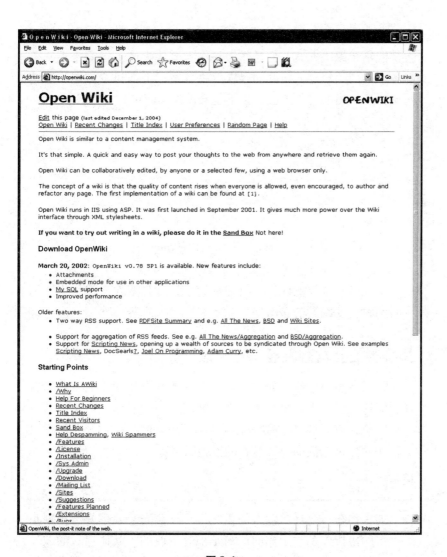

图 8.1

部门负责人会议

　　作为游戏开发人员，每周一次的领导人员会议是相当重要的。会议期间，制作团队的主程序员、制作人、助理制作人、艺术部分工作领导人员、美术监制、主设计人员可以一同就下周工作目标、当月的里程碑、即将迎来的挑战等问题进行讨论研究并制定工作计划。尽管制作人由于专业性质无法在每个领域的问题上都能给予解决方案，但是作为制作人要从大体上运筹帷幄，引导各个部门的领导人员共同寻求解决方案、把握讨论方向、总结每次会议得出的运作方案。以下是会议议程清单：

* 审查已完成的目标
* 概括存在的问题
* 提出可作的选择
* 针对问题的解决方案
* 达成一致
* 作出决定
* 与会议决定相关的人员进行沟通传达
* 记录会议议定的决策与行动

确保每次会议的内容都被完整记录，并且要在会议结束后第一时间将会议纪要公布出来。

执行委员会与规划委员会会议

与执行委员会或规划委员会的会议通常会使制作人有些不自在，但这仍然是十分重要的。会议期间，作为制作人要主持整个会议，执行方面作为投资方需要审查评估团队的工作进程与目标，从而分析他们的投资是否能得到回报。

提示

如果你在一个规模较大的组织里工作，妥善处理好与规划小组的协作关系对于你的产品是很有价值的。其他项目的领导人员、市场运营经理及其他老资格的人可以为产品开发方针增加价值或提出客观的意见。

在召开执行委员会会议前，制作人应事先准备好会议的议事日程。议事日程上应列出所有项目发展有关的关键事项以待会议决定，诸如政策和发展战略问题，会议将会根据你的具体情况进行研究讨论。会议期间要预留出答疑和游戏开发进程、新功能的演示时间。要知道通过会议得到的反馈是十分重要的，但是并非

所有的会议反馈建议都是可以执行的。作为一名成功的制作人应该具备这种分析决定会议反馈意见是否可行的能力。总之要对于该会议做好充分的准备。向执行委员会展示你对项目进程的管理控制能力，从而赢得执行委员会的信任。

风险管理工具

作为制作人的首要责任就是管理风险，工作的重要部分则是能够运用一个全面的稳定的风险管理工具。下面我们就讨论一些风险管理工具。

风险管理工作表

进行项目风险管理的第一步就是要确定风险。确定风险首先要把可能发生的风险列出清单，然后与负责项目各个部门领导就风险进行讨论。将风险分类联系到个人：按美术加工部分、程序部分、声音部分、市场部分、生产部分。不要试着去认定和量化风险；目前只需将这些风险列表并分类。如图 8.2 所示（见 180 页）。

第二步，对样表列出的风险一一进行认定和定量评估。将认定与可能性联系起来，将量化与影响程度联系起来。可能性代表风险发生的几率，定量代表当风险发生时会对项目产生什么影响。将风险按基准值（测量风险的度量值 0% ~ 100%）从高到低排序。然后将各个风险分配到个人负责。作为制作人应该负责大多数的风险控制管理工作，但是诸如技术风险之类的风险还是分配到负责技术的专业人员那里比较稳妥。

在图 8.2 中你可以看到任用适当的人员是其中最大的风险所在，而其责任在于制作人本身。当把风险分配到个人后应建立风险处理方案，方案建立后应将其写入风险管理计划。完成了上述工作并不代表风险已经被排除了，接下来我们讨论下一步的工作。

提示

您可以登陆 http://www.courseptr.com/downloads 下载风险管理计划样表、分配表及步骤。

DRAFT - RISK MANAGEMENT PLAN				
Updated: 8/21/04				

PROBABILITY (P)	IMPACT (I)				
	20%	40%	60%	80%	100%
20%	4%	8%	12%	16%	20%
40%	8%	16%	24%	32%	40%
60%	12%	24%	36%	48%	60%
80%	16%	32%	48%	64%	80%
100%	20%	40%	60%	80%	100%

RISK	OWNER	(P) FACTOR	(I) FACTOR	(PI) FACTOR
Right talent on the Team	Producer	90%	90%	81%
Depth of Gameplay	Lead Designer	60%	80%	48%
Other competitive products in same timeframe	Marketing Mgr	40%	90%	36%
Proprietary Tool Development	Lead Programmer	50%	40%	20%
Clear Gameplay Message & Essence	Lead Designer	20%	40%	8%

图 8.2

其他风险管理方法

任何开发项目都会存在风险，即使是有经验的老手也可能会在风险管理上出现问题。所以作为制作人要采用其他的风险管理方法来控制管理风险，从而避免风险悄悄地潜入你的项目，像是鬼魂一样伴随着你的项目并深入到项目的每个部分，不知道什么时候会发作，给你造成损失。

对于某些时间风险，你可以在制作进度表里程碑时留出缓冲的时间，这样不至于导致团队工作超出规定期限。由于越来越多的出版方在新项目的前期阶段要进行尽职调查，而作为优秀的制作人，在此期间应该借此机会对于存在的风险进行说明。然后根据风险评估报告确定产品进度表中的风险。

难道要把风险全部在出版方面前展示出来？答案是肯定的。你也许认为为了表现你已经很努力地组建强大的团队把项目做好就不应该向出版方透露风险问题，但是有经验的出版方会意识到项目中的一些风险。尽管不是每个风险都在进度表上被明确地认定，但是这种方法会对你进行项目进程产生积极的影响。在进度表上明确的表示出谁负责什么工作，何时完成（高风险率的风险会出现在进度表的前面），解决方案（授权的技术或者新工具），这样可以有效地控制风险。同时向出版方说明风险问题可以与出版方保持一种良好的关系，不要隐藏风险。如果你是个有经验的第三方出版方，你可能已经意识到风险所在了，因为你做了很多类似项目，对于风险你有一定的经验。对于风险事先作出明确的估计相当于给你的产品发行买了保险。

预测评估风险是个艰难的过程，正如之前说的，必须要有相应的办法，而你需要考虑很多问题。预测评估风险不同于其他的进程，所以不要对于运用功能更完善的新工具产生抵触情绪。此过程用来完成新的浏览器内核（rendering engine）。诸如游戏是否按照既定的游戏概念指导进行制作、该游戏是否具有它不同于其他产品的独到之处这类的问题都属于风险范畴。如果你没有办法来控制风险的时候，一切依靠外包的开发进程同样意味着风险。或者当你打算使用第三方授权软件如 DivX，在测试前你可能不知道这个软件是否能够兼容你的图像构成引擎。风险也可能出现在其他部分扩充目录的过程中，比如使用交响乐团录制音轨的过程中，以及其他还没有完成的工作中。

有些风险则会显得比较复杂难以对付，会有越来越多的风险是合理的存在的。诸如你的团队对你正在开发的游戏显得缺乏经验，是由于团队里只有一两个成员之前做过类似的项目等等。

把风险控制在最小程度

在游戏开发制作进程中的风险控制方法有很多。在风险确定后，下一步就该实施控制方案了。有些具体风险是难以控制的，但是作为制作人可以从项目宏观角度对风险进行控制：

* 在整体的设计工作没有完成前不要开始开发工作，你需要全面彻底的设计方案。虽然不需要具体到每个细节，但至少要有概括的思路。

* 对未知情况的预估。研究讨论关于项目的未知情况，利用前期阶段对整个项目有所掌握并且预测未知的因素。

* 要准备后备计划。当 A 计划失败时可以使用 B 计划。

* 当项目概念确定后要进行试验。虽然这样会花费一些时间，但是总比未经过试验而失败之后再聘用 30 人重做项目要好得多。

* 把最好的人才用于风险率最高的部分。

* 当团队人员无法完成某工作时，运用第三方授权软件或者使用其他解决方法。
* 建立灵活的进度表制度，这样可以应付经常发生的变动。
* 如果到了非重新设计不可的程度，那么尽早的评估、删减功能。

游戏开发的进程模式

游戏开发的进程中主要有两种模式，一种为常规模式（standard model），一种为预载风险管理模式（forward loading risk management model）。本章将分别讨论这两种模式的优势与劣势。为了便于说明该模式的实际用途和运作方式，这里我们也介绍了常规模式以供参考。

近些年来，游戏开发业中主要以常规开发模式运行。运用这种模式可以通过日计或者周计进度表把较大的风险分散开来。尽管这种方法不是适用于所有情况，但是如果可以运用那么就要这样做。

这种常规模式一直被广泛的接受。在 2002 年，马克·瑟尼在 DICE（EA 旗下的游戏工作室，全称为 digital illusions creative entertainment，著名作品有《战地系列》等）会议上提出了一种新的模式。尽量避免使用常规模式，在成本增长前确定游戏娱乐风格。在控制管理风险过程中，制作人要确保妥善管理安排项目的投资。如图 8.3 所示。

有效控制风险的方法

如图 8.4 所示是另一种模式：预载风险管理模式（预载开发模式）（Front Loaded Development，以下简称 FLD 模式）

同标准模式一样，新模式的最终目标同样是使所开发的游戏获得商业成功。FLD 模式能够确保在游戏投入生产之前，通过样品原型测试和序列调整对游戏概念进行验证，合理地控制了风险的产生。这种模式同样适用于小规模开发团队，通过这种模式来审验所开发的产品，对游戏的娱乐性进行评估，从而就所存在的

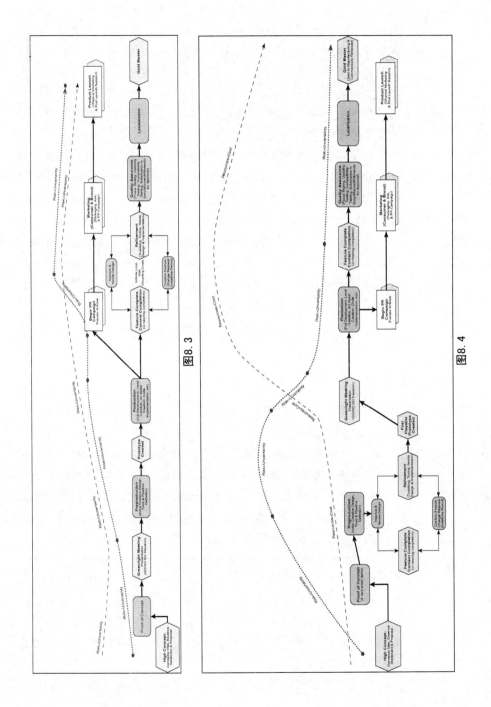

图8.3

图8.4

问题和缺陷进行设计方面和游戏概念方面的调整修改。并不是所有经过原型测试的游戏概念都会植入游戏，进一步讲就是不要把能够导致风险的因素融入原型，比如游戏中的回放动画之类的。多数开发人员都有这种特点，都没有在开发阶段真正考虑风险因素。所以不要在开发的早期阶段过多地考虑关于功能生效的问题，这时过多考虑这些问题太早而且很浪费时间。此时应把注意力集中在确定设计概念上。

标准模式是种常用的模式，但是存在一定缺陷。在设计概念验证及原型完成之后产品面临全面投产。但是伴随着产品开发进程的延续、成本的扩大，风险也是随之增加的。当产品开发已经消耗了很多的金钱和时间的时候，再想取消项目计划是相当困难的。

相比之下 FLD 模式能够更有效地控制风险，这也正是那些成功的开发公司如 Naughty Dog、Blizzard、Nintendo 和 Insomniac 等使用该模式的原因。通过使用这种模式，开发人员和出版方能够在各个项目伊始或前期之前从宏观角度来缩小风险。同时制作和技术方面的风险也会随之减小。与标准模式相反，FLD 模式能够使风险随着总投入资金的增加而减小。

提示

以下是马克·瑟尼谈论推荐在终止不成功的项目时应该使用 FLD 模式的原因。

"如果开发的进程没有按计划完成，或者如果首个可运行版并不好玩，不吸引人，那么该是终止项目的时候了。如果你不提高前期工作标准那么也就没什么意义了。除非你的团队出奇的优秀，除非你不与同类发行的其他游戏做比较，否则只有一条道可以走，那就是提高标准。"

通过尽早的取消不成熟的项目计划，开发人员和出版方可以有效地控制成本支出，不要等某个项目都已经进展到最后而且已经投入了许多钱后再把这个项目取消，这样会多花很多钱。尽早取消不成熟的计划，还可以有效控制面向未验证的游戏设计概念的投资。

游戏开发需要花费许多资金，也要花费众人大量的时间。所以作为制作人要确保自己的项目计划尽可能的完善。通过在项目早期阶段控制风险，可以有效控制负面风险（downside risk）。控制了负面风险，上行收益（upside reward）就不成问题了。

运用 Microsoft Project，Microsoft Excel 以及 Overly Complex Scheduling Process

繁多的工具、复杂的程序、成堆的互不相干的进程是每个制作人的梦魇。使用 Microsoft Project 可以解决这些烦恼。Microsoft Project 是个功能强大、高效好用的进度表软件。以下的内容我们将介绍建立便于更新维护且灵活的进度表的一些方法。尽管这些方法不是最完美的，但是这些是迄今为止我认为最好的方法，而且游戏产业中似乎也没有固定不变的方法。

运用 Excel Worksheet

制定进度这项工作要在前期阶段的末期最先进行（在生产之前）。还记得之前我们讨论过的关于程序人员任务表和功能清单吗？让我们回顾一下。前面提到的要将一个较复杂的任务分解为具体的条目，如果分化完的任务条目还不能单独建立任务条目那么说明分得还不够细。这项过程叫做任务分解系统（work breakdown system，以下简称 WBS）。其形式如同 WBS。每一项任务都要分解为若干具体的部分。

举个例子，一个为期三周的过场动画的流水线模式写入（流水线）。这项工作如果分解成"确认输出数据格式，与引擎数据要求对比，修正美术输出从而使其与游戏引擎相匹配，创建中间数据格式，测试流水线"那么整个任务会以高效率完成。WBS 清单应如下所示：

1. 过场动画流水线模式写入
   A. 确认输出数据格式
   B. 与引擎数据要求比对
   C. 修正美术输出从而使其游戏引擎相匹配
   D. 创建中间数据格式
   E. 测试流水线

根据 WBS 清单，你和你的团队工作人员会更有条理的清晰的完成任务。以相同的方法把所有游戏相关的美术素材工作分解为具体的条目，然后根据设计文档复查分解后的条目（在与首席程序员行事相同进程后），审核拟定剧本。在做好一切审核后你便可以根据清单内容开始工作了。

建立一个 Excel 工作单，清单上应附有功能清单、程序人员任务注释、美术加工清单等。每项任务要有三个分别标记为最佳状态、最差状态、最有可能状态的柱状图标注。

每个柱状图根据任务相关负责人的工作信息进行绘制。将项目分解为三个部分列表——程序部分、设计部分及美术部分。

要想使一个规模庞大、结构复杂的项目进度易于管理，那么就把它分解成若干资源列表，从而便于团队成员们理解消化。如此一来可以使团队成员们了解每个任务的状况，一旦出现任务遗漏的现象时，团队成员们能够注意到。

运用数据整合来审查你的工作，确保完成所有的任务和功能。如果遇到未指定的任务不要就此留着空白，马上和你的队员们着手解决。如果有的地方有待研究决定是否有任务需要完成，那么在此设占位符，预留出余地。下面是图 8.5。

Project Estimate (Internal)

Project X for the X-box

Platform Xbox & PC
Ship Date: Fall 2005

Game System	Task Description	Resource	Best	Worst	Most Likely	Result
Technical Design			20	70	55	57
Game Engine	Outline Specifications for Game Engine	DI	5	15	12	12
Rendering	Rendering Engine DivX Support	RT	5	7	5	6
Direct X Implementation	Implement Direct X and XNA	IX	25	75	60	62
Game Logic	Review Design Specification	DI	15	25	19	20
Commands	Define Commands for all units	RC	17	55	25	34
User Inteface	Review UI Design	LM	21	45	25	31
UI Tools Defined	Create UI tools to specifications	GI	15	31	20	23
Artificial Intelligence	Review AI Design	GT	1	2	1	1
Computer Player	Implement Computer Player as designed	ER	45	70	55	58

图 8.5

此表格为假想的项目工作表。用来整合数据测算新功能完成的时间。此工作表只为电子版。

套用公式

这里我们介绍一个公式，可以让测算评估值更加准确。原则是：六分之一代表最佳状态，二分之一代表最差状态，三分之一代表最有可能状态。

其公式如下：

$$(B + 3W + 2M) / 6 = duration$$

这是解决项目进度的不稳定性的方法，此方法快捷、简便而且灵活。它可以排除主观情绪因素的影响，使评估测算结果更加准确。这就避免了某名团队成员为了给自己工作留点余地把实际耗时一周半的工作说成两周。

提示

确定以资源控制形式审查你的工作表，这样不仅可以进行版本控制，也可以跟踪复查结果历史记录。确保每名成员以电子形式填写表格。

链接到 Microsoft Project

当你完成了工作表后，将其分为游戏系统、美术部分、设计部分，尽量将有从属关系或相近的任务放在一起。然后在 Result column 和 Microsoft Project 间创建连接。如图 8.6 所示。

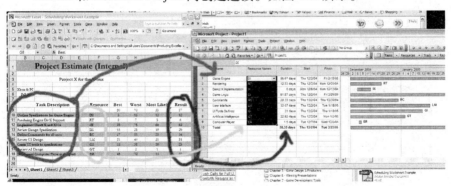

图 8.6

在基础项目建立，所有程序人员、设计人员及美术人员的数据评估之后你就要建立一个整体进度表并且归纳从属关系。项目文档建立之后，你要每日对其进行更新。当项目经过了详细的检查需要对项目某部分进行变更时，需要重新进行进度制定，这时回头查阅 Excel 工作表即可。你亦可以准确地跟踪评估结果，然后对 Microsoft Project 进度进行相应的修改。另一方面如果出现问题，你可以记录下来然后寻求解决方案。

制定风险进度

有一种更加先进的风险进度制定方法，Gamasutra 的蒂莫西·雷恩（Timothy Ryan）曾在自己的一篇名为《风险控制与开发进度》（*risk management with development schedules*）（刊登于 2003 年 2 月 3 日）的文章中谈到过这个问题。文章中提供了许多好的建议，我们在下面列出几项，现在回想一下你之前的风险评估。

根据风险所能造成影响的位置对风险进行分类，比如将程序风险对于技术造成的影响、对于程序进度造成的风险分到一组。然后根据功能特征对风险进行编组，将风险相关的功能特征、相关的游戏系统信息详细地列在进度表中每项任务的最后部分。通过这种方法，制作人可以轻松地把风险与功能及里程碑联系起来。以下是操作步骤：

1. 右键点击 Predecessor column，选择 Insert Column。

2. 在 Column Definition 对话框中选择 Flag 1，标题为 Risk。

3. 然后点击 OK，柱形图便插入 Gantt chart 中。如图 8.7 – 8.9 中所示。

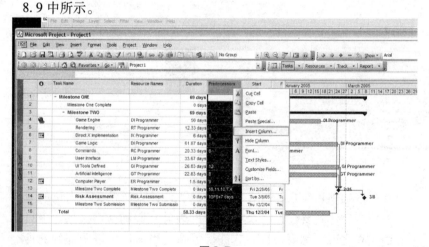

图 8.7

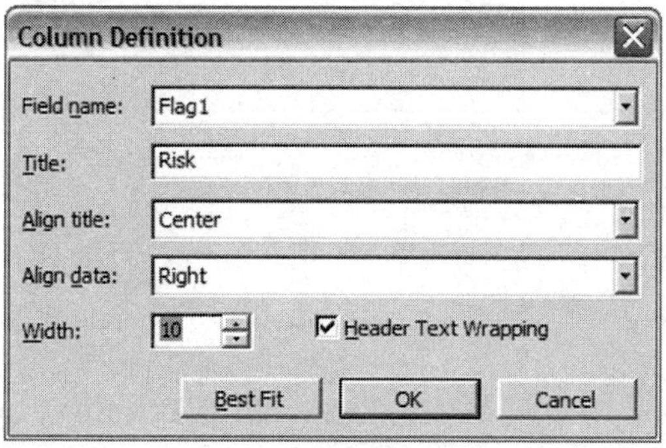

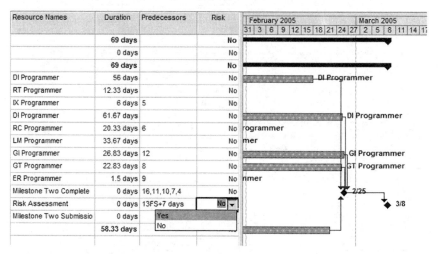

图 8.8

图 8.9

4. 在 Format 菜单中选择 Bar Styles。

5. 下拉滚动条，找到 Risk，然后在 show for task 中输入 Flag 1。

6. 制定图标选择蓝或者红（或者其他你喜欢的颜色）然后点击 OK 关闭菜单。如图 8. 10 和 8. 11 所示。

7. 现在你的风险任务表是比较清晰的了。你可以根据实际情况修改其中的公式：13FS + 1day（13FS 指之前的任务，1 day 指留给未知事件的缓冲空间，你可以根据具体情况及风险状况在 1～7之间选择数字）。

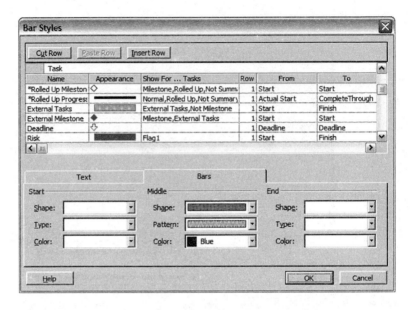

图 8.10

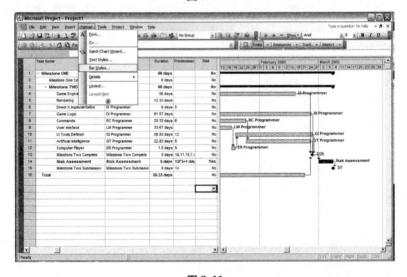

图 8.11

8. 最后，我再提醒一下。要确保风险能够得到控制，在进度表中载入两个里程碑：第一个是里程碑：完成日期，这是所有的任务完成的日期。然后还需要留有时间进行风险评估和工作质量审查。在这之后，第二个里程碑为"submitted"。如图 8.12 所示。

制作人要预留时间在将其递交给出版方前对功能相关工作进行复查。

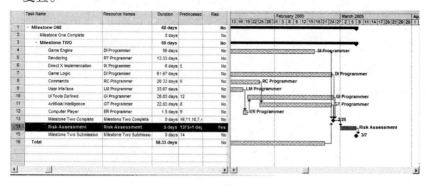

图 8.12

风险评估要在递交里程碑之前完成。

提示

通过链接子项目与 Microsoft Project 文件可以将整个游戏制作任务进度进行分类管理，其灵活的特点表现在，当主程序人员需要审查更新进度表时不需要等待制作人亲自更新艺术人员进度表。所以要试着将游戏制作任务进行细分，然后将其链接到总进度表以便每周进行审查。如此一来即灵活又方便。

在进度表中运用缓冲

遇到如下情况则需要运用另一种方法，可以使进度表具有灵活的缓冲特性。比如进度表某项资源为 80%，或者仅为 50%。此时右键点击该任务（task）选择资源，然后在 Units Field 选择适当的百分比，如图 8.13 所示。Microsoft Project 的这项功能对于团队领导在制定进度表时相当有用，特别是这项功能可以明确的在除任务本身之外预留 50% 的时间来做附带的其他工作，比如任务相应的行政管理、解决出现的问题等等。

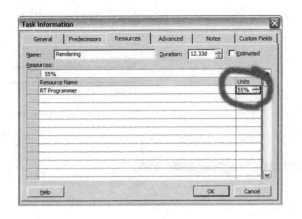

图 8.13

在这里我的经验法则是任何部门负责人不应将活动度调至80%以上。过多的缓冲活动度也会影响到上面所介绍的公式运算结果，但是你也要确保你设定的缓冲活动度能让你的工作有足够的余地应付变化或者其他突发性工作。

如图 8.13，在这里调整你的资源效率。

自由形态方法（free form approach）

尽管我并不建议使用这种方法，但是话说回来这种情况在诸多的软件开发项目中是不可避免的。在开发过程中难免遇到这种情况：你团队里的某个工作人员不能完成某项任务，或者是某个成员无法告诉你他完成该任务的具体时间，特别是当他手头上同时有许多任务要完成时就更无法确定完成时间或者进度情况了。如果遇到了不可操作的问题，下面的内容会给你启示。

首先，你可以将这些任务以零持续时间进行标记（0 duration）并且设定一个完成的固定时间，特别是当该任务有附带条件的时候（dependencies attached）。你也可以运用"缓冲活动度"的方法将同一资源分解成三个同时进行的分任务。在这种情况下，资源使用率将为33%（共三个同时进行的分任务），或者25%（四个分任务）等等。你需要同时进行一到两个任务。问题是要同时完成好每个任务是比较困难的，这也正是我不建议使用这种方法的原因，相反我倒是建议制作人应重视使用 WBS 表。

提示

注意在每个进度表中要留有缓冲活动度或者将上述的方法综合使用，否则将无法应对随时变化的情况。一个成功的制作人是不会让随时变化的情况成为阻挡成功的绊脚石的。

恼人的加班

即便是世界上最棒的制作人，在项目进行中也会出现团队加班的情况。但是要注意平时节省时间，在确实需要的时候再要求团队加班工作。要确保加班时团队的每个人都能意识到：我们在为了某个目标加班工作。这就避免了团队里有的成员总是加班而有的成员从不加班，或者成员们不了解为什么加班诸如此类的情况。如果需要加班一定要事先通知团队成员，好让成员们安排好自己的事情。不要总是加班，要注意平时的工作效率，制定好计划。一切按计划进行并且工作起来效率很高，相信不会出现很多需要加班的情况。

如果项目进程中能够有机会利用额外的出色的功能，这时要求团队加班才是比较合理的。如果你能调动起大家的积极性，如果能够让大家意识到加班能使游戏更加出色，如果能够激起大家的兴奋之情，那么他们不会计较几个周末的时间，不会计较工作到很晚。

提示

在团队加班的过程中，如果哪个成员持续工作了 11 小时（10 小时工作，1 小时午餐），那么就让他回家休息吧。特别是程序人员，一天连续工作了 10 小时后，大脑可能会混沌一片，这时可能会开始出错了。如果出了错之后再进行修改，所耗费的时间倒不如让他们回家休息，等第二天头脑清醒了再继续工作。尽管搞程序的人都喜欢晚上赶夜班，作为制作人不要鼓励他们这么做，如果出现了错误你要对其进行劝阻。

Dependencies 及 Placeholders（控件）

"游戏开发所涉及的东西越多，我们越应该严谨对待，以防出现问题。"

——杰米·弗尔斯顿在 Gamasutra 就 Dependencies 问题说的话

到目前为止，关于风险的控制管理的问题已经都谈到了。下面我们来回顾一下关于 Dependencies 的问题及其对于制作人工作所产生的作用。在其所相关的另一个任务完成前，Dependencies 也不可能完成。就像是要想把游戏角色植入场景则必须等该场景制作完毕之后，要想测试过场动画则必须要在游戏角色植入场景之后，要想完成位置音效则必须等大部分美术素材制作完毕并且植入场景后方可完成等等。

从制作人角度来看，除非你把所有工作的顺序、时间、相互关系等问题全部安排明确，否则工作起来必定会有某些人坐在那等着别人完成前序工作之后自己再开始后续工作。这是低效率高成本的主要原因。即便是你已经查阅了所有任务计划并且将其编入进度表，上述情况仍然可能发生，这几乎是不可避免的。而重要的是把这种情况的发生几率降至最低，确保有一定的灵活性，当某项前序任务正在进行时后续任务工作人员不必等待前序任务完成而可以做其他的工作。

这里有种方法可以做到确保项目进展并且避免任务搁置，那就是给每个任务建立 placeholder，这里说的每个任务意味着纹理处理、游戏角色、关卡、音效、语音、音乐、背景、场景中的物体等。运用 placeholder 要有窍门，你要确保建立 placeholder 时其本身不会衍生出新的任务，这就失去了运用 placeholder 的意义了。这种方法的宗旨是可以将未最终完成的功能用 placeholder 代替运行，不会占用后续任务的时间。

在建立游戏 placeholder asset 时，要确保文件命名原则已经确立。这意味着所有音效文件都按照原则定位并可轻易确认。比如当设计人员运行初始音效"bigbang01. wav"，此时脚本会转至音效文件夹中的该文件并且运行该文件，如果你准备好最终音效进行替换时只要将原有的文件更换成最终音效即可。

这个过程可以在任何时候进行。给所制作的功能上建立placeholder，这样起码可以快速检验所制作的初始功能在游戏中的运行情况是否如设计所愿，而不用等到最终功能制作完毕才能看到它的效果。这就省下时间对未最终完成的功能进行完善。如果非要等到前序任务全部完成并在游戏中运行再进行下一步工作，那么整个项目进程会变得很慢。要在开发过程中鼓励使用placeholder。

运用 placeholder 可以使艺术人员不必等到场景工具最终制作完毕后才能开始场景美工、光影、单射光线等，美工人员可以利用 placeholder 场景代替最终场景来检验光影等效果的情况。运用placeholder 不必等最终场景制作完毕即可进行下一步工作，节省了时间，提高了效率。

事后分析检查（postmortems）

事后分析检查十分简单，在每个里程碑的结尾就里程碑执行情况附上简短的分析。从计划方法的正确和错误两方面进行概括。审查数据，汇总实质性的建议并将其写入计划，从而使里程碑更具效率更加完善。到目前为止，你的计划应该是完善的、高效的了。

我几乎在项目的所有节点都做类似的分析检查，要知道反馈是很有价值的，这就是经验，也是能够通过过去的成功或失败总结经验教训的方法。这些分析检查对你以后的工作也是具有指导意义的。

事后分析检查如下所示：

* 正确的决策
* 错误的决策
* 合理化建议

认真阅读事后分析检查，吸收有价值的，丢弃没有价值的（特别是在选择性问题上要仔细分析），然后将计划付诸行动。

里程碑接受测试

运用里程碑接受测试（以下简称 MATs）是我所用过的最简

单、最灵活的项目开发规划的方法。那么为什么即便这项程序在开发协议中没有规定的形式我们还要进行它呢？这是由于 MATs 的目的是根据娱乐软件开发的动态特点从而进行计划，使出版方和开发方对于产品特点、市场导向及时作出反应，无需花费时间来重新商讨合同问题或者里程碑定位问题。以下是 MATs 基本内容：

MATs 步骤：

1. 里程碑 X（通常是前期阶段尾声的里程碑）确定了项目的大体目标。创意和技术设计方面已经验证完毕。

2. 确定在之后的里程碑中将包含的基本标准及将完成的功能蓝图。

3. 之后的里程碑中的关于游戏引擎、美术素材等细节及其他可交付的细节问题在合同规定的日期进行提交。这被称为"里程碑接受测试标准（以下简称 MATC）"其中清楚的说明了下个里程碑应交付的情况。

4. 当里程碑提交给出版方时，就可以把 MATC 当做测试清单。

5. 这些步骤可以帮助出版方比对清单上的记述与实际情况的差别。该步骤可有效地对工作价值和成本进行衡量比较。

如果你能把这些内容添加到开发协议中，那再好不过了。我建议在制作人与出版方之间以简化非固定形式拟定里程碑。如果双方任何一方擅自提出一个标准化的形式，那么可能会导致双方的意见不统一。里程碑中要确定明确的工作目标并将目标和具体工作列出清单，约一页篇幅。作为制作人或开发商，你永远不会把一个自己认为将会失败的里程碑递交给出版方。而当你运用了 MAT 步骤，如果计划不成功，根据步骤进程在提交之前你会知道什么地方是不成功的，你会知道里程碑是否会失败。

汇总

在本书的写作过程中，我曾与很多业内人士进行过交流。每个人都有自己关于好的制作人或者是不太好的制作人的一些看法与观点。以下是当与业内人士谈论本书时对于制作人提及一些问题：

* 要做到有效地控制风险。要明确风险存在，并且当风险出现时能够寻找到合适的方法解决它。
* 要诚信诚实，要使团队成员相信你说的话。
* 及时使用裁剪功能，有些功能太耗时。
* 要使团队不受外界干扰（来自管理方面、市场方面等等的干扰因素会影响游戏制作）。
* 不要说谎，别人要是没问你可不必说，宁可不回答也不能说谎。
* 别为了达到某种目的挫败团队士气。
* 尽量少用授权工具。
* 要循环重复使用工具。
* 对待团队成员好一点，请大伙喝点啤酒，一起玩玩游戏。
* 要知道团队成员的名字，对成员们要有所了解，这对于制作人来说很重要。
* 给大伙买饮料，这是改善关系的好办法。

这些只是一部分内容，但是做到这些可以说距离一名成功的制作人不远了。

程序员尼克·瓦德尔斯访谈录

尼克曾与欧洲及北美多位开发商合作。

问：如果你能够向制作人传达一个意向，你认为作为制作人应做到哪些？

答：要协助团队，不要盲目催促团队。与团队成员要互相尊重，这对于产品很重要。当手下的人认为他们的老板是个白痴，还有比这更严重的问题吗？话说回来还是诚信的问题。不要自作聪明，事实上制作人是和一群很聪明的人在一起合作，所以当制作人一旦有问题出现时别人会很快发现。

问：在与程序人员交流互动时，你认为制作人所表示出的最重要的特征是什么？

答：大笔的钱！！把具体问题交给程序人员，不要硬咬着自己的意见，因为具体的技术工作多数制作人不懂，让

程序人员们列出可供选择的选项。程序人员知道当前代码库里哪些比较适用。要确保每个细节的风险控制。举个例子，在欧洲的时候我曾经做过一个项目，当时的制作人坚持要做些额外的小游戏，我们就告诉他这会花费很多时间，没有必要。但是他坚持这样做。最后，小游戏占了总制作时间的40%，而主体制作粗糙。这就是一个项目时间投入的反面教材。

问：你能否想起来某个你认为很优秀的制作人？他（她）对产品有哪些积极的影响以及为什么在你心里留下深刻印象？

答：我曾与乔纳森·登斯维尔合作过，而正是他带领团队使《战锤：战争黎明》获得成功。他总是能第一时间发现问题与风险，而越到最后所遇到的问题和风险越小。他能够坐下来与团队各个部门的主管人员一同讨论问题，如果某个功能做起来太困难他会很理智地将其裁剪掉。整个项目运行得很成功。

问：就你个人的经验来看，制作人普遍容易犯的错误有哪些？其他制作人从这些问题中能够学到什么？

答：我认为最大的问题就是，没有弄清楚团队的实际情况就把来源于出版方的压力施加给团队，这就意味着制作人没有做到对团队的保护。如果对于项目有分歧，应该是召集团队各个部门主管人员就此问题进行研究讨论。就程序人员本身来说，他们考虑问题是很有逻辑性的，这就意味着你要很有逻辑地和程序人员进行交流。如果遇到了诸如代码运行的问题，制作人应当信任程序人员。举个例子，以前曾有个制作人对我说："我们想要把这个和那个功能植入进去，我想这花不了太长时间，你什么时候能完成？"他根本就不清楚具体操作方面的问题，他只是从他的角度分析可能花不了太长时间，但是从程序人员技术本身考虑就不一样了，所以这个时候一定要听取程序人员的意见。让程序人员自己来制定完成时间。

问：你认为有没有什么工具被制作人忽视或者需要制作人进一步使用，从而可以使程序人员的工作更为轻松？

答：我认为制作人要熟悉团队能够使用的工具，即使是你没见过成员使用的工具也要去问一下这个工具是干什么用的。通过 E – mail 信件或周会来跟踪任务项目。这样每周大伙都可以在一起交流。还有，就是每个制作人都该阅读 Microsoft 出版的 *Debugging The Development Process*。这是关于程序制作方面的一本书，制作人需要通过这本书了解关于程序制作的基本问题，从而对日后的管理起到推动作用。

结束语

本章概括了一些主要日常工作工具及使用步骤，这些工具及步骤能够帮助制作人进行项目管理。虽然无法涵盖所有能够供制作人使用的工具，但是主要的内容已经呈现在大家眼前了。根据你自己的项目从中选取适当的方法，这些通用的方法会为你的成功助上一臂之力。

第九章 游戏开发的资金管理

　　游戏开发是一项巨大的产业。在 2002 年，全球游戏产业总产值 169 亿美元，而发展到目前，这项产业价值已经接近 200 亿美元并呈上升趋势。重要的是，无论电子游戏产业的工作有多有趣还是成功需要如何的创造能力，我们强调的是创造财富。而这正是将其称作商业运作的原因所在。若想取得商业成功，一个游戏项目必须要严格按照开发预算进行。本节我们将讨论如何拟定预算计划，如何创建审查财务报表以及每个产品的盈亏平衡分析。开发方必须切身做好每项工作，提高重视程度。若想获得成功，开发商必须具备杰出商人及优秀财务经理的素质。

创建预算计划书

　　通常情况下，一款游戏开发最简单部分相应的预算恰恰是最需要随时更新数据不断改进的重要环节。同样，预算可以跟踪所有相关或冲抵的费用，包括人员开支、津贴、外包费用、员工福利、会议展览、预付版税、许可费以及其他相关费用。那么如何制定预算计划呢？接下来的内容将教你如何制定一个合理、精确且灵活的预算计划。

　　首先要考虑到尽管多数的出版方已经具备明确而完善的运行程序，但是某些情况下建立拟议预算还是有一定难度的，不排除会出现拟议预算与实际预算不符的情况。原因是预算的核心部分是开发团队的薪金开支，这是预算计划中最具影响力的因素。因而首先要完成开发进度表来确定工作进程。开发进度表是一项进行中的程序，关键部分则是预测游戏完成的时间。

理想状态

假设在你的游戏已经设计完毕的理想状态下，你已经掌握了产品的所有必要信息来确定资源及人员编制的情况，在这种情况下当然是比较容易制定计划的。而在现实中能够弄清楚产品原型完成情况及概念验证阶段后需要什么资源则是相当困难的。因此，我们建议在产品发展过程中应反复审查预算计划的关键部分。这样一来当计划能够激发足够的热情来推动概念进程时，在这种高概念阶段会自然地优先考虑预算计划。预算计划的第二次修订会在概念验证机制运行时进行。将这项进程当做衡量预算中的数字是否接近真实值的衡量工具。同时在项目进行过程中要不断重新评估，审查预算计划及进度表。在概念验证和产品原型出炉之后更新预算数据，将每个你认为重要的部分进行分析，为安全起见相关数据需留有余地。

在项目发展进行的同时，为确保财政资源使用得当要不断整理预算计划。如果当项目发展研发过程中有某些功能改变了执行指令或测试要求，那么对于其相关预算计划就要重新审核修订了。当游戏制作完毕并发行时回顾早先的拟议预算，并将其与整个过程实际的资金投入进行比较，看看预算是否贴近真实情况，从而可以为以后的项目总结宝贵的经验，这是每个开发方在完成一款产品后都会做的一件事。这项工作看上去简单，但是对于开发商来说则不然。

高概念阶段

无论你是生产方、发行方还是开发方，预算都会起到很大的影响作用。这种影响作用是积极有力的并且可以使财政资源得到高效分配利用从而达到报告书中的目标。在高概念阶段就高概念作用范围问题与有相关经验的人探讨从而作出决定。在此阶段要估测所有的可能性。确定这个项目进程会持续多久，18 个月、24

个月或许是 30 个月。同时也要确定多少人来参与项目。团队的规模也很关键，25 人组、50 人组或者 70 人组在项目预算上会有相当大的差距，因此这就意味着开发者的目标就是锁定上述两个要素并根据这两个要素制定项目规模。

与有相关经验的人及其他做过类似项目的专业人员讨论沟通是预算评估阶段的基本步骤，利用他们提出的反馈和间接经验可以估测出项目的哪个细节问题需要重点考虑，然后审查设计概念并且建立项目目标。分析推荐技术、第三方软件许可以及该项目一些新的进程。据预测，在高概念阶段范畴能够达到这种程度已是再好不过的了，除非你进行的是后续项目或者一个成熟品牌，拥有技术成熟、经验丰富的制作团队并且之前有过合作。因而不可同日而语。

高概念阶段的工作目标是确定项目规模。300 万、500 万、1000 万还是 1500 万。然后根据项目规模及财政具体情况缩减支出范围。缩减支出范围、确定项目重点在早期阶段比较容易完成。预算计划的目标在于通过试验性生产为项目争取资金支持。通常情况下，概念验证阶段和首个样品出炉时，在两三个月内会得到几十万美元的投资。

提示

在电视游戏开发制造业中有一个很好用的经验法则：一个成本约每人每月 10000 美元的项目，尽管其实际价值有可能高于或低于这个数目（这受制于制作团队的具体情况，比如他们运用的技术）。此时运用目标评估是比较合理的。如一个项目为期 24 个月，需要 24 个工作人员，费用大约为 $24 \times 24 \times 10000 = 576 \times 10000 = 576$ 万美元。尽管多数人认为在这个项目初期时根本用不上 24 个工作人员，但是当该项目进行到尾声时参与这个项目的工作人员会多于 24 个，因而在目标评估中应运用平均值。

妙计

发行商和游戏开发商常用的一个办法是当得知那个项目在试制期之后将被取消，他们会同时启动 3 个甚至 5 个项目，这样发行商即可分散资金风险在其他项目上，即使仅有一个项目幸存便可以承担在试制期流产的其他项目的花销。举个例子，通常在样品概念验证期间会得到 50 万美元投资。如果此过程进行 3 次即可得到 150 万美元。但是如果 3 个项目中的两个被取消，幸存的项目应该可以成功地赚回其他两个项目的 100 万美元。这种方法曾用在经营风险性大型游戏组合中，这使得大笔资金大量时间投向拥有强大所有权且能够把握市场机遇的开发商那里。

前期阶段的资金计划

在试制期间，密切配合开发团队建立理想状态的计划。制定项目最高目标的执行纲要并利用这段时间分析总结该项目的可行性指标以及生产开发情况，总结归纳所有你认为该项目需要的信息。将汇集的可生产游戏的信息等细节问题写入预算企划书。《敏捷项目管理》一书中将这项过程论为猜测阶段，紧接着便是探索阶段。先不要考虑游戏设计成本与财政资源之间的问题。根据理想状态分析的情况，达到目标可能性很小。要敦促团队向高目标努力，作为团队领导要提高工作标准。尽管团队在试制期可能无法完成全部目标，但是如果连目标都没有又谈何完成目标呢？

重点在于将计划写在纸上的阶段，需要估测具体功能特性何时完成，团队作业需要什么经验，对工作人员的需求。如果需要这些信息，工作分解结构（WBS）可以帮助你汇总完善的预算计划。把这些信息写下，这个过程可以明确地揭示团队应考虑的问题。

提示

当你建立预算计划及日程表时，不要忘记将一些活动花费诸如福利、节假日、假期、商展、E3、游戏开发者研讨会以及出访、出差花费等列入预算计划。甚至因活动而消耗的时间也要写入预算。

研究工作分解结构、进度表，确定项目所需资源。到目前为止，只需考虑项目的人员配置问题了，你会发现又有一些花销需要写入预算。

人力资源配置如下：

* 设计人员
* 程序人员
* 制作人员
* 美工
* 声音制作
* 音乐制作
* 检验

建立人员分配系统后，你方可进入下一步工作——成本评估。

预算计划的目标在试制阶段将升级为尽可能精确的项目成本，调研所制作的游戏是否具有商业可行性。获批的预算计划通常可以衡量游戏开发团队的综合能力以及他们作品的品质性能。表 9.1 列出多种月支出情况（样表）。

表 9.1　估测预算（预制阶段初期）

主成本	月成本	个人成本	总计
设计			
设计者（第一关）	$ 5000	24.00	$ 120000.00
设计者（第二关）	$ 4000	20.00	$ 80000.00
设计者（第三关）	$ 3000	20.00	$ 60000.00
设计者（第四关）	$ 2500	18.00	$ 45000.00

主成本	月成本	个人成本	总计
美工			
美工人员（第一关）	$ 5000	24.00	$ 120000.00
美工人员（第二关）	$ 4000	20.00	$ 80000.00
美工人员（第三关）	$ 3000	20.00	$ 60000.00
美工人员（第四关）	$ 2500	18.00	$ 45000.00
程序人员			
程序员（第一关）	$ 5000	24.00	$ 120000.00
程序员（第二关）	$ 4000	20.00	$ 80000.00
程序员（第三关）	$ 3000	20.00	$ 60000.00
程序员（第四关）	$ 2500	18.00	$ 45000.00
音效及音乐			
音效总监	$ 3500	18.00	$ 63000.00
作曲人员	见固定费用		
合成人员	$ 3000	8.00	$ 24000.00
质保			
质保总监	$ 3250	12.00	$ 39000.00
质保人员	$ 2500	5.00	$ 12500.00
质保人员	$ 2500	5.00	$ 12500.00
质保人员	$ 2500	5.00	$ 12500.00
质保人员	$ 2500	4.00	$ 10000.00
质保人员	$ 2500	4.00	$ 10000.00
质保人员	$ 2500	4.00	$ 10000.00
质保人员	$ 2500	3.00	$ 7500.00
质保人员	$ 2500	3.00	$ 7500.00
质保人员	$ 2500	3.00	$ 7500.00
总计			$ 1131000.00

估算费用

如果你已经完成预制阶段评估工作，并且已经对自己的游戏概念有充足的信心，剩下的过程就易如反掌了。在建立预算计划过程中还有很多工作要做，要让开发团队认识到理想概念，并将其带入市场运作。其中预算中的细节条目要和工作分解结构等同。

在这一进程中使用微软的 Excel 中的商业模板功能是比较方便有效的，Excel 商业模板会为你提供多种表格。预算计划需要以下几种表格：薪金和奖金、固定和附带成本、资金支出。表 9.1 中所示的花费是按月计算的，这是由于几乎所有企业财务报表都是按月计算的。

薪金与工资

有一种可以使预算计划中薪金与工资支出的数据相对准确的方法，那就是使用工资等级表，尽管它达不到百分之百的准确，但是可以尽可能接近真实值。配合财务部门商榷一个工资平均等级，这样可以避免公布具体的薪金情况而造成不必要的影响。其次，我们不赞成将福利项目、假期应计额写入薪金工资预算，因为这样做会导致预算数字不准确。福利以及假期应计额对于每个工作人员是不同的，这也是管理者无法改变的，因此，福利和假期应计额的预算应写入固定和附带成本预算中（稍后讨论）。

提示

建立一个分配调整机制，用来反复审查薪金增长情况，你一定会想向团队证明某个成员的提薪是有理有据的。

当你的开发团队完成预算阶段并准备评测第一个样品时，你的预算表应近似于图 9.1（见 208 页）。

如图 9.1 所示，支出是按月计算的，团队成员的级别也会分别计算，空余的职位用"空余"表示，表中包括其他参与人员的薪金工资标准（如音效制作、作曲人员、合成人员、配音人员等）以及其他开发方直接参与的费用。

Happy Games Corp
Projected Wages (Excludes Benefits)
Last Updated: 11-Dec-04

		1 Jan-04	2 Feb-04	3 Mar-04	4 Apr-04	5 May-04	6 Jun-04	7 Jul-04	8 Aug-04	9 Sep-04	10 Oct-04	11 Nov-04	12 Dec-04	13 Jan-05	14 Feb-05	15 Mar-05	16 Apr-05	17 May-05	18 Jun-05
Artists	Art Director	6,523	6,523	6,523	6,523	6,523	6,523	6,523	6,523	6,523	6,523	6,523	6,523	6,523	7,023	6,785	6,785	6,785	6,785
Artists	Artist (Level 1)	5,000	3,817	3,817	3,817	3,817	3,817	3,817	3,817	3,817	3,817	3,817	3,817	3,817	3,817	3,817	3,817	3,817	3,817
Artists	Artist (Level 2)	4,000	3,500	3,500	3,500	3,500	3,500	3,500	3,500	3,500	3,500	3,500	3,500	3,500	3,500	3,500	3,500	3,500	3,500
Artists	Artist (Level 2)	4,000	2,583	2,583	2,583	2,583	2,583	2,583	2,583	2,583	2,583	2,583	2,583	2,583	2,583	2,583	2,583	2,583	2,583
Artists	Artist (Level 2)	4,000	5,400	5,400	5,400	5,400	5,400	5,400	5,400	5,400	5,400	5,400	5,400	5,400	5,400	5,400	5,400	5,400	5,400
Artists	Artist (Level 3)	3,000	3,425	3,425	3,425	3,425	3,425	3,425	3,425	3,425	3,425	3,425	3,425	3,425	3,425	3,425	3,425	3,425	3,425
Artists	Artist (Level 3)	3,000	4,367	4,367	4,367	4,367	4,367	4,367	4,367	4,367	4,367	4,367	4,367	4,367	4,367	4,367	4,367	4,367	4,367
Artists	Artist (Level 3)	3,000	5,208	5,208	5,208	5,208	5,208	5,208	5,208	5,208	5,208	5,208	5,208	5,208	5,208	5,208	5,208	5,208	5,208
Artists	Open - Texturer	2,500	5,200	5,200	5,200	5,200	5,200	5,200	5,200	5,200	5,200	5,200	5,200	5,200	5,200	5,200	5,200	5,200	5,200
Artists	Internship																		
Artists	Subtotal	35,023	40,023	40,023	40,023	40,023	40,023	40,023	40,023	40,023	40,023	40,023	40,023	40,023	40,523	40,285	40,285	40,285	40,285
Designer	Lead Designer	7,000	9,000	9,000	9,000	9,000	9,000	9,000	9,000	9,000	9,000	9,000	9,000	9,000	9,000	9,000	9,000	9,000	9,000
Designer	Designer (Level 1)	5,000	5,167	5,167	5,167	5,167	5,167	5,167	5,167	5,167	5,167	5,684	5,684	5,684	5,684	5,684	5,684	5,684	5,684
Designer	Designer (Level 2)	4,000	5,167	5,167	5,167	5,167	5,167	5,167	5,167	5,167	5,167	5,684	5,684	5,684	5,684	5,684	5,684	5,684	5,684
Designer	Designer (Level 3)	3,000	5,167	5,167	5,167	5,167	5,167	5,167	5,167	5,167	5,167	5,684	5,684	5,684	5,684	5,684	5,684	5,684	5,684
Designer	Designer (Level 4)	2,500	5,167	5,167	5,167	5,167	5,167	5,167	5,167	5,167	5,167	5,684	5,684	5,684	5,684	5,684	5,684	5,684	5,684
Designer /Script Wr	Contract Writer	5,000	5,000	7,500										2,500	2,500	2,500	2,500	2,500	2,500
Designer	Subtotal	26,500	34,668	37,168	29,668	29,668	29,668	29,668	29,668	29,668	29,668	31,736	31,736	34,235	34,235	34,235	34,235	34,235	34,235
Programmer	Lead Programmer	8,772	8,772	8,772	8,772	8,772	8,772	8,772	8,772	8,772	8,772	8,772	8,772	8,772	8,772	8,772	8,772	8,772	8,772
Programmer	Programmer (Level 1)	6,417	6,417	6,417	6,417	6,417	6,417	6,417	6,417	6,417	6,417	6,417	6,417	6,417	6,417	6,417	6,417	6,417	6,417
Programmer	Programmer (Level 2)	7,417	7,417	7,417	7,417	7,417	7,417	7,417	7,417	7,417	7,417	7,417	7,417	7,417	7,417	7,417	7,417	7,417	7,417
Programmer	Programmer (Level 3)	7,417	7,417	7,417	7,417	7,417	7,417	7,417	7,417	7,417	7,417	7,417	7,417	7,417	7,417	7,417	7,417	7,417	7,417
Programmer	Programmer (Level 4)	7,417	7,417	7,417	7,417	7,417	7,417	7,417	7,417	7,417	7,417	7,417	7,417	7,417	7,417	7,417	7,417	7,417	7,417
Programmer	Programmer (Level 4)	5,308	5,308	5,308	5,308	5,308	5,308	5,308	5,308	5,308	5,308	5,308	5,308	5,308	5,308	5,308	5,308	5,308	5,308
Programmer	Programmer (Level 4)	8,558	8,558	8,558	8,558	8,558	8,558	8,558	8,558	8,558	8,558	8,558	8,558	8,558	8,558	8,558	8,558	8,558	8,558
Programmer	Programmer (Level 4)	5,500	5,500	5,500	5,500	5,500	5,500	5,500	5,500	5,500	5,500	5,500	5,500	5,500	5,500	5,500	5,500	5,500	5,500
Programmer	Open	5,500	5,500	5,500	5,500	5,500	5,500	5,500	5,500	5,500	5,500	5,500	5,500	5,500	5,500	5,500	5,500	5,500	5,500
Programmer	Open	5,500	5,500	5,500	5,500	5,500	5,500	5,500	5,500	5,500	5,500	5,500	5,500	5,500	5,500	5,500	5,500	5,500	5,500
Programmer	Internship																		
Programmer	Subtotal	67,806	67,806	67,806	67,806	67,806	67,806	67,806	67,806	67,806	67,806	67,806	67,806	67,806	67,806	67,806	67,806	67,806	67,806
Sound	In-Game Sound FX				5,000	5,000	5,000	5,000	5,000	5,000	5,000	5,000	5,000	5,000	5,000	5,000	5,000	5,000	5,000
Sound	Placeholder VO				500	500	500	500	500	500	500	500	500	500	500	500	500	500	500
Sound	Other SFX				500	500	500	500	500	500	500	500	500	500	500	500	500	500	500
Sound	Localization Mgmt				1,000	1,000	1,000	1,000	1,000	1,000	1,000	1,000	1,000	1,000	1,000	1,000	1,000	1,000	1,000
Sound	Studio Rental/Talent				2,000	2,000	2,000	2,000	2,000	2,000	2,000	2,000	2,000	2,000	2,000	2,000	2,000	2,000	2,000
Sound	Subtotal				9,000	9,000	9,000	9,000	9,000	9,000	9,000	9,000	9,000	9,000	9,000	9,000	9,000	9,000	9,000
Producer	Producer (Internal Level 1)	30,833	13,333	13,333	13,333	13,333	13,333	14,667	13,333	13,333	13,333	13,333	13,333	14,667	13,333	13,333	13,333	13,333	14,667
Asst. Producer	Assistant Producer (Internal Lev	3,685	3,685	3,685	3,685	3,685	3,685	3,685	3,685	3,685	3,685	3,685	3,685	3,685	3,685	3,685	3,685	3,685	3,685
Producer	Subtotal	34,518	17,018	17,018	17,018	17,018	17,018	18,352	17,018	17,018	17,018	17,018	17,018	18,352	17,018	17,018	17,018	17,018	18,352
Quality Assurance	Lead Quality Assurance Engine	3,500	3,500	3,500	3,500	3,500	3,500	3,500	3,500	3,500	3,500	3,500	3,500	3,500	3,500	3,500	3,500	3,500	3,500
Quality Assurance	Open	2,500	2,500	2,500	2,500	2,500	2,500	2,500	2,500	2,500	2,500	2,500	2,500	2,500	2,500	2,500	2,500	2,500	2,500
Quality Assurance	Subtotal	6,000	6,000	6,000	6,000	6,000	6,000	6,000	6,000	6,000	6,000	6,000	6,000	6,000	6,000	6,000	6,000	6,000	6,000
	Total	134,324	125,492	127,992	120,492	120,492	120,492	121,826	129,492	129,492	129,492	131,559	131,559	135,392	134,059	134,059	134,059	134,059	135,392
		26	26	26	26	26	26	26	26	26	26	26	26	26	26	26	26	26	26
		26	52	78	104	130	156	182	208	234	260	286	312	338	364	390	416	442	468
Outside Contractors		7,500	5,000	7,500	20,000	20,000	20,000						20,000	22,500	22,500	2,500	2,500	2,500	2,500
Composer Music	Composer Music	7,500	5,000	7,500	20,000	20,000	20,000						20,000	2,500	20,000	2,500	2,500	2,500	2,500
Contract Writer	Contract Writer													2,500	20,000				
Composer	Composer													20,000		2,500	2,500	2,500	2,500

图9.1

固定成本以及附带成本支出预算

固定及附带成本支出预算应当囊括一切运行企业的项目，从写字楼的租金到员工福利，再到纸张文具花费、电费等。配合财务助理将这些支出进行分类配置，一定要尽可能详细具体。这样可以有效预防潜在成本突然出现冲抵项目。当支出冲抵项目时，要仔细反复审查支出报告，重点复审如搬迁或招牌一类的细节支出明细。

支出预算样表详见图 9.2（见第 210 页）。

对于固定及附带成本，开发商需总揽全局，分析考虑每项团队活动具体支出（如第三方许可），同样包括出差费用、商展、游戏制作人研讨会、Siggraph 等。要确定你的预算中包括这些必要项目，这样你才能把你的员工派去参加各项活动。如图 9.2 所示，固定及附带成本是按月计算的。

提示

多数大公司（如发行公司）不会提供"固定支出"确切数字，总体来看，这是商业准则，商家必须遵守。举例说明，一个程序员工资为 75000 美元，但需加上 32% 额外支出及福利。无论如何在规模稍小的公司（如游戏开发公司）仔细审查资本使用明细是非常重要的。

主要成本

主要成本包括团队的一次性购买所用资金，同样包括如下项目：

* 团队工作站
* 计算机硬件升级（光驱、显卡、硬盘、主板等）
* 图像处理软件：3D Studio Max 4.0
* 其他软件：Photoshop 第三方软件工具
* 服务器
* 联系工具：通信费用
* 联络：增量电话机
* 源代码软件
* 其他软件：Microsoft Office，ACDSee 等

OVERHEAD

Advertising		125	125	125	125	125	125	125
Amortization & Depreciation		6,600	6,600	6,600	6,600	6,600	6,600	6,600
Consultancy		18,748	12,536	13,342	12,870	13,454	12,870	12,353
Lease Payments		375	375	375	375	375	375	375
Books & Subscriptions		100	100	100	100	100	100	100
Courses and Training		500	500	500	500	500	500	500
Internet Service		4,333	4,333	4,333	4,333	4,333	4,333	4,333
Network								
Biz Travel, Trade Shows & Conferences		-	-	15,000	-	15,000	-	5,000
Fees, Dues, Courses & Training		100	100	100	100	100	100	100
Delivery, Freight, Express		250	250	250	250	250	250	250
Fuel Costs		200	200	200	200	200	200	200
Insurance		1,100	1,100	1,100	1,100	1,100	1,100	1,100
Interest, Bank Charges		3,300	3,300	3,300	3,300	3,300	3,300	3,300
Tempary Housing		1,250	1,250	1,250	1,250	1,250	1,250	1,250
Employee goodwill		937	937	937	937	937	937	937
Maintenance & Repairs		945	945	945	945	945	945	945
Management, Administration Fees								
Meals & Entertainment		2,500	2,500	2,500	2,500	2,500	2,500	2,500
Motor Vehicle Expense		225	225	225	225	225	225	225
Relocation/Recruitment		26,585	16,000	16,000	16,000	16,000	16,000	16,000
Office Expenses		900	900	900	900	900	900	900
Supplies		1,333	1,333	1,333	1,333	1,333	1,333	1,333
Legal, Accounting, Professional		5,200	5,200	5,200	5,200	5,200	5,200	5,200
Rent		17,000	17,000	17,000	17,000	17,000	17,000	17,000
Travel		3,100	3,100	3,100	3,100	3,100	3,100	3,100
Telephone, Utilities		500	500	500	500	500	500	500
Miscellaneous		300	300	300	300	300	300	300
Carry Forward Existing Leases								
OVERHEAD		96,506	79,709	95,515	80,043	95,627	80,043	84,526
% Overhead		*20.1%*	*23.8%*	*28.8%*	*23.3%*	*26.6%*	*29.3%*	*25.6%*
PROJECT COSTS (USD)	.	480,520	334,754	356,268	343,671	359,255	343,671	329,865
NET INCOME	-	(480,520)	(334,754)	(356,268)	(343,671)	(359,255)	(343,671)	(329,865)
# of Developers (Includes Contractors)	26.0	26.0	26.0	26.0	26.0	26.0	26.0	26.0

POC Estimation \ **Game_Budget** \ S&W \ Capital Plan

图9.2

对于开发商来说，你的团队使用的设备越好，他们的工作效率就会越高。如果程序系统处理、编译、渲染的工时越长，从长远意义来讲损失越多。

整合

当薪金工资和固定及附带成本报表完成时，将其综合为整合的游戏开发预算。其中的表格一律按月计算，并且将各项单独部分（美工、设计、程序、音乐、音效）单独计算然后列出总数，这样一来你便可以对项目月计花费有较直观、较准确的认识了。通过审查各项数据指标，如所完成的工作比对其耗时，外部成本比对内部成本。也可以通过内部艺术加工成本比对外部艺术加工成本等，如此开发商可以使资本得到最高效的利用（见图9.3）。

寻找适当的解决方案

使资源得到有效分配并拟定合理的解决方案是开发商执行预算工作中最重要的方面，同样的日程安排也是比较重要的。一个效率较高的开发商可以让各种工具各司其职，每项工作都由指定的工具完成。但是在游戏开发运作中，问题相对要复杂一些。

这里有个关于拟定的高效处理方案的例子。曾在《神秘岛3：放逐》中运用的斯普林特引擎技术移植到《神秘岛4：启示录》中，这种技术满足了之前的《神秘岛2：星空断层》在电脑配置相对较低的条件下运行亦可呈现出颇具真实感的画面，这也同样满足了广大消费者可以不必升级自己的电脑亦可以玩到这款游戏。许多开发商和业内人士建议此时应运用最新的技术开发新的3D引擎，但是使用现有的经过功能扩增的引擎比较容易被消费者接受并且可以占据一定的市场份额。而这要比开发一个 real – time 便宜的多，冒险类游戏的3D引擎无需第一人称射击所需的显示速度流畅性。

在此过程中开发商必须协调时间、资源、质量（在第三章讨论过）的平衡，正确的处理方法并不总是意味着增加开支。调整游戏开发的投资平衡，开发商脑中必须有这种意识——项目是否拖太久了（对小规模团队而言），技术和市场情况是否发生变化，团队工作热情是否将难以维系。无论怎样，增加一倍的成员不会

Hapoe Games Corp
Full Production
Last Updated: 11-Dec-04

Month #		1	2	3	4	5	6	7	8	9	10	11	12	13	14
Month	Dec-04	Jan-05	Feb-05	Mar-05	Apr-05	May-05	Jun-05	Jul-05	Aug-05	Sep-05	Oct-05	Nov-05	Dec-05	Jan-06	Feb-06
DIRECT LABOR COSTS															
Artists		35,023	40,023	40,023	40,023	40,023	40,023	40,023	40,023	40,023	40,023	40,023	40,023	40,023	40,023
Designer		26,500	34,668	37,168	29,688	29,688	29,688	29,688	29,688	29,688	29,688	31,725	31,735	34,235	34,235
Programmers		67,806	67,806	67,806	67,806	67,806	67,806	67,806	67,806	67,806	67,806	67,806	67,806	67,806	67,806
Sound (Excluding Contractors)									9,000	9,000	9,000	9,000	9,000	9,000	9,000
Producers		34,518	17,018	17,018	17,018	17,018	17,018	18,352	17,018	17,018	17,018	17,018	17,018	18,352	17,018
Quality Assurance		6,000	6,000	6,000	6,000	6,000	6,000	6,000	6,000	6,000	6,000	6,000	6,000	6,000	6,000
Admin		29,330	29,330	29,330	29,330	29,330	29,330	29,330	29,330	29,330	29,330	29,330	29,330	29,330	29,330
Benefits & Vacation (28.33%)		56,427	55,200	55,908	53,783	53,783	53,783	54,161	56,333	56,333	56,333	56,918	56,918	58,004	57,768
Voice Talent															
User Manual - Contractor															
Outside Services		7,500	5,000	7,500	20,000	20,000	20,000						20,000		
Capital		120,911													
3rd Party Software Licenses											22,500	22,500		22,500	22,500
DIRECT COSTS		384,014	255,044	260,753	263,628	263,628	263,628	245,339	261,178	255,178	255,178	257,830	277,830	285,249	264,180
OVERHEAD															
Advertising		125	125	125	125	125	125	125	125	125	125	125	125	125	125
Amortization & Depreciation		6,600	6,600	6,600	6,600	6,600	6,600	6,600	6,600	6,600	6,600	6,600	6,600	6,600	6,600
Consultancy		18,748	12,536	13,342	12,870	13,464	12,870	12,363	12,541	12,113	11,919	12,217	12,800	13,089	13,047
Lease Payments		375	375	375	375	375	375	375	375	375	375	375	375	375	375
Books & Subscriptions		100	100	100	100	100	100	100	100	100	100	100	100	100	100
Courses and Training		500	500	500	500	500	500	500	500	500	500	500	500	500	500
Internet Service		4,333	4,333	4,333	4,333	4,333	4,333	4,333	4,333	4,333	4,333	4,333	4,333	4,333	4,333
Network															
Biz Travel, Trade Shows & Conferences			15,000	15,000		15,000		5,000		5,000		5,000			
Fees, Dues, Courses & Training		100	100	100	100	100	100	100	100	100	100	100	100	100	100
Delivery, Freight, Express		250	250	250	250	250	250	250	250	250	250	250	250	250	250
Fuel Costs		200	200	200	200	200	200	200	200	200	200	200	200	200	200
Insurance		1,100	1,100	1,100	1,100	1,100	1,100	1,100	1,100	1,100	1,100	1,100	1,100	1,100	1,100
Interest, Bank Charges		3,300	3,300	3,300	3,300	3,300	3,300	3,300	3,300	3,300	3,300	3,300	3,300	3,300	3,300
Tempory Housing		1,250	1,250	1,250	1,250	1,250	1,250	1,250	1,250	1,250	1,250	1,250	1,250	1,250	1,250
Employee goodwill		937	937	937	937	937	937	937	937	937	937	937	937	937	937
Maintenance & Repairs		945	945	945	945	945	945	945	945	945	945	945	945	945	945
Management, Administration Fees															
Meals & Entertainment		2,500	2,500	2,500	2,500	2,500	2,500	2,500	2,500	2,500	2,500	2,500	2,500	2,500	2,500
Motor Vehicle Expense		225	225	225	225	225	225	225	225	225	225	225	225	225	225
Relocation/Recruitment		26,585	16,000	16,000	16,000	16,000	16,000	16,000	16,000						
Office Expenses		900	900	900	900	900	900	900	900	900	900	900	900	900	900
Supplies		1,333	1,333	1,333	1,333	1,333	1,333	1,333	1,333	1,333	1,333	1,333	1,333	1,333	1,333
Legal, Accounting, Professional		5,200	5,200	5,200	5,200	5,200	5,200	5,200	5,200	5,200	5,200	5,200	5,200	5,200	5,200
Rent		17,000	17,000	17,000	17,000	17,000	17,000	17,000	17,000	17,000	17,000	17,000	17,000	17,000	17,000
Travel		3,100	3,100	3,100	3,100	3,100	3,100	3,100	3,100	3,100	3,100	3,100	3,100	3,100	3,100
Telephone, Utilities		500	500	500	500	500	500	500	500	500	500	500	500	500	500
Miscellaneous		300	300	300	300	300	300	300	300	300	300	300	300	300	300
Carry Forward Existing Leases															
OVERHEAD		96,506	79,709	95,515	80,043	95,627	80,043	84,526	73,714	68,287	63,092	68,390	63,973	64,262	64,220
% Overhead		20.1%	28.6%	26.6%	23.3%	26.6%	23.3%	25.6%	22.6%	21.1%	19.8%	21.0%	18.7%	18.4%	18.4%
PROJECT COSTS (USD)		480,520	334,754	356,268	343,671	359,255	343,671	329,865	334,892	323,464	318,270	326,220	341,803	349,511	348,400
NET INCOME		(480,520)	(334,754)	(356,268)	(343,671)	(359,255)	(343,671)	(329,865)	(334,892)	(323,464)	(318,270)	(326,220)	(341,803)	(349,511)	(348,400)
# of Developers (Includes Contractors)	26.0	26.0	26.0	26.0	26.0	26.0	26.0	26.0	26.0	26.0	26.0	26.0	26.0	26.0	26.0

图9.3

将工期缩短一半，而且还会为项目增加开支（如加班费、奖金、保费支付）尽管这只是个例子，但是这些例子都是开发商在做项目时必须要考虑的。从实际角度来讲，寻找适当的处理方案更像在抛物线中寻找最高点，从而收获最大效能。

开发商能够合理任用人才，寻求能够合理协调成本支出与效能的方法，这正是个机会。

第九章 游戏开发的资金管理

严禁功能蠕动

功能蠕动是导致项目进程持续时间过长，支出超过预算的主要原因。作为一名开发商，当你面对一个过于雄心勃勃的团队，还要顾及很多问题，诸如计划增设新功能的方案以及怎样的方案能够获批。在这种情况下就要在开发周期中早些建立项目进度表，这样可以确保项目严格按计划进行，同时保证计划的灵活性，并可以参照其他人的专业经验来作出正确的决定。

以下是关于怎样确保进度表有效控制特征蠕动的清单：

* 建立功能需求表
* 将表格分类，如将其分成美工、程序、游戏单元设计
* 与团队领导共同审查表格
* 确定成本、难点、收益、风险、进度表效用
* 主要选项及推荐选项
* 接受与不接受的变更计划，将决定与其他人讨论
* 确保任何采取的决定准确载入记录

到目前为止预算计划基本成型，然后将其载入财务模型。

财务模型构制

当预算计划定稿活获批时，财务模型仍未建立的情况不多见。实际上当概念验证评估建立时，财务模型就应该已经开始起草并随预算计划更新改动；而更新改动随一款游戏的开发进程同

步进行，从概念阶段到预制阶段，再到全面投产，最后是市场运营。本节主要讨论财务模型基本要素。每个出版方都有各自的运作模式，且不同的模式有不同的指导方针，这取决于即将发行产品的类型、操作平台、发行地区等。

财务模型组件

一款电子游戏的财务模型由数个组件组成。举例说明，某些财务模型涵盖了多达50多种不同的 Excel 表格，若要打印出来可能有75页。精确的财务模型的数据来源于财务部门和市场部门，虽然这是财务和市场部门的专业领域，但是作为开发商应该知道如何使这一过程简单化、完整化、精确化。

盈亏平和分析

盈亏平和分析包括单位销售、平均价格、销售扣除、商品成本及分配、利润率以及一些其他商业机遇的评估的重要数据指标。要确定这些数据，则需要复查有竞争力产品及以往同类产品的数据资料，从而来决定你的单位售价及实际价值。

以下是盈亏平和分析所需的组件：

* 地区单位销售：该地区单位销售总计
* 平均售价：所有地区的平均售价
* 单位基础总收入：平均售价×单位总数
* OEM 授权收入：任何 OEM 来源的收入
* 稀释率：市场开发基金、坏账、市场购买下滑及价格保护、利润、余额
* 净收入：该产品的平均销售价格×销售数量
* 单位产品成本：媒体加工、包装、指南以及一切装入游戏包装盒的物品的总成本
* 版税及许可费：预期应付给许可颁发者、产品开发者的费用
* 产品总成本：售出商品总成本、版税、净收入减去许可费
* 毛利润：净收入总额 – 售出商品总成本
* 毛利润率：毛利润/净收入
* 定位：产品定位的成本

* 固定费用：产品包装、宣传单以及其他市场营销固定费用
* 折扣及其他可变成本：针对消费者的折扣活动成本
* 预期开发差益：预开发成本
* 毛利润差益：预开发成本/净收益
* 内部开发成本：发行商与产品相关的内部成本（如外部生产薪金、质保、手工制作等）
* 外部开发成本：所有外部开发承包商成本及有关游戏开发的第三方成本
* 净利润：总利润扣除其他所有成本的余值
* 净利润差益：净利润/净收入
* 投资回报率：产品预计投资回报（CP/直接成本总额）

盈亏平衡分析样表如图9.4所示。

SUPER GREAT RACING

	Domestic	UK/ROE	France	Germany	Australia	Holland
Est. Unit Sales (w/o OEM)	620,000	70,000	35,000	35,000	25,000	
Local Street Price (1st Year)	$ 49.95	£ 24.99	F 249	DM 69	$ 69.95	
Avg. Selling Price (Wholesale)	$38.64	$16.43	$16.84	$12.52	$16.31	
Unit Based Gross Revenue	$23,953,580	$1,154,306	$589,427	$438,247	$407,801	
OEM License Revenue						
Dilution Rate	16.0%	12.0%	12.0%	20.0%	10.0%	
Dilution ($s)	$3,833,533	$138,517	$70,731	$87,649	$40,780	
NET REVENUE	$20,126,047	$1,015,789	$518,695	$350,597	$367,021	
ost of Goods						
Matl Per Unit	$3.68	$2.85	$2.85	$2.85	$2.85	
Total Material	$2,281,600	$199,360	$33,680	$33,680	$71,200	
% of Net Revenue	11%	20%	13%	26%	19%	
Freight In/Out Per Unit	$1.46	$1.46	$1.46	$1.46	$1.46	
Total Freight/BMG	$905,200	$102,200	$51,100	$51,100	$36,500	
% of Net Revenue	4%	10%	10%	15%	10%	
Development Roy/Lic Fees	$4,097,138	$189,079	$36,970	$60,942	$68,162	
Design Roy/Lic Fees						
Content Roy/Lic Fees						
Other Roy/Lic Fees						
Total Royalty/License	$4,097,138	$189,079	$36,970	$60,942	$68,162	
% of Net Revenue	20%	19%	13%	17%	19%	
TOTAL COST OF GOODS	$7,283,938	$490,639	$247,750	$211,722	$175,862	
GROSS PROFIT	$12,842,109	$525,150	$270,946	$138,875	$191,159	
GROSS MARGIN	64%	52%	52%	40%	52%	
Localization	$60,000					
% of Net Revenue	0%					
Fixed S&M Expenses	$1,815,000					
Rebate & Other Variable	$2,515,756	$116,816	$43,276	$15,777	$34,867	
Total Dir S&M Expenses	$4,330,756	$116,816	$43,276	$15,777	$34,867	
% of Net Revenue	22%	12%	10%	5%	10%	
CONTRIBUTION Pre R&D	$8,451,353	$408,334	$221,670	$123,098	$156,292	
CONTRIBUTION MARGIN	42%	40%	43%	35%	43%	
Internal Development	$540,825					
External Development						
Total Software Development	$540,825					
% of Net Revenue	3%					
CONTRIBUTION Profit	$7,910,528	$408,334	$221,670	$123,098	$156,292	
CONTRIBUTION MARGIN	39%	40%	43%	35%	43%	
ROI (CP/Total Direct Costs)	65%	67%	75%	54%	74%	

图9.4

每个公司都有他们自己针对每个部分的指标，但是通常情况下有两个主要的基准数据，分别是毛利率50%，净利润率28%。

竞争分析及市场评估

任何财务模型都会包含两个关键要素——竞争分析及市场评估。

当开发商与营销团队确立了拟议产品市场需求定位并且根据他们研究议定的成果建立数据点时，市场评估便起到了至关重要的作用。其相关数据来源于市场信息公司报告一类的市场数据报告。

NPD Funworld 在官方网站上为用户提供市场数据报告及产品的地区排名 TOP10，当月排名 TOP10。并且预测评估市场与拟议产品匹配情况。一款产品在美国获得成功并不意味着在亚洲也会取得相同的成绩，反之亦然。

风险分析

在所有拟议产品的财务模型中，另一个关键部分便是金融风险分析。这种方法可以将风险量化为三种不同情况并且可以表现出它们究竟如何相互关联。

你要在分析时明确四个指标：

第一，拟议设想计划以及资金投资风险范围；

第二，最差状态：如产品销售情况不及拟议设想计划将会有多少损失；

第三，最理想状态：实际销售情况好于拟议设想计划；

第四，盈亏平衡的单位数量及盈亏平衡的价格，这个指标决定了能够赚回已投资金所需产品的单位数量以及保本情况下的降价幅度。

* 拟议设想：相关数据取于盈亏平衡分析。

* 低于拟议设想：一些因素低于拟议设想，或为拟议设想的 50%。

* 高于拟议设想：一些因素高于拟议设想，或高于拟议设想的 25% 以上。

* 收支平衡单元：可以使用 Excel Goal Seek（在工具菜单中

选择 Goal Seek ，然后在其下拉菜单中）完成这项工作。

* 收支平衡价格：运用 Excel Goal Seek 完成该工作。

图 9.5 所示为一个样表。

RISK ASSESSMENT		SUPER GREAT RACING			
	Proposed	High Scenario	Low Scenario	Breakeven Units	Breakeven Price
Avg. Selling Price (Wholesale)	$40.51	$40.51	$40.51	$40.51	$19.10
Gross Unit Sales	1,715,000	2,572,500	857,500	465,506	1,715,000
Net Revenue	$58,558,981	$87,838,471	$29,279,490	$15,894,784	$27,603,754
COGS:					
Material	$12,051,520	$18,077,280	$6,025,760	$3,271,169	$12,051,520
Royalty/Lic Fees	$10,173,857	$15,260,786	$5,669,000	$5,669,000	$5,669,000
Freight In/Out	$2,503,900	$3,755,850	$1,251,950	$679,639	$2,503,900
Total COGS	$24,729,277	$37,093,916	$12,946,710	$9,619,807	$20,224,420
Gross Profit ($s)	$33,829,704	$50,744,555	$16,332,780	$6,274,977	$7,379,334
Gross Profit %	58%	58%	56%	39%	27%
Other Expenses:					
Int. Development	$540,825	$540,825	$540,825	$540,825	$540,825
Ext. Development	$0	$0	$0	$0	$0
Fixed Selling & Marketing	$4,115,000	$4,115,000	$4,115,000	$4,115,000	$4,115,000
Other	$5,643,120	$8,404,680	$2,881,560	$1,619,152	$2,723,509
Total Other Expenses	$10,298,945	$13,060,505	$7,537,385	$6,274,977	$7,379,334
Contribution Profit ($s)	$23,530,759	$37,684,051	$8,795,396	$0	$0
Contribution Profit (%)	40%	43%	30%	0%	0%

Proposed Scenario Risks and Assumptions:

Assumes 50% of Silent Hill sales

High Scenario Risks and Assumptions:

50% higher than proposed

Low Scenario Risks and Assumptions:

50% of Proposed

图 9.5

收入预测

在收入预测单元里你需要注意一些问题：第一，不是所有游戏都会卖得像《托尼·霍克职业滑板》、《侠盗猎车手》、《星际争霸》或《神秘岛》这些游戏那样好；第二，每个类型游戏中的佼佼者会通过细分市场来赢得 60% 以上的收益。因此，任何有竞争力的产品都需要将其定位为顶级产品。

财政负担

如果你在与第三方产品开发方合作的情况下，在建立一个支付进度表是比较必要的。因为情况是不同的，有的出版方喜欢月结算，而有的却喜欢季度结算。但这都是可以协调的，为了能够因地制宜并且有效抑制财政风险你该建立一个支付重大事件一览表。对于第三方开发关系情况下一个明确有效的支付进度表是相当关键的，并且可以反映开发团队的现金流情况。

结束语

尽管开发方的工作重点应放在按时按计划开发一款好游戏，但是任何软件开发的财务部分也是弥足关键的。资源的有效分配是游戏开发的关键之处，这是因为经费直接关系到生产中的时间投入，所以对于开发方来说，明确如何协调管理两者的关系是整个过程的重点所在。虽说在一个耗资百万美元的游戏项目中涉及的问题还有很多，本章已就重点问题给予了叙述。

第十章 卓越的音轨音效

如同电影、电视节目和其他媒体一样，在游戏开发设计中音乐和音效通常是被忽略的元素。也许由于音效对人的影响比起梦幻般的视觉效果或飞驰急速紧张刺激的游戏画面不够强烈。实际上一些卓越的音效设计你可能不会注意到，但是它正是通过某种潜移默化让你感到某种程度的紧张、激动，它可以操纵的你的情绪，不知不觉的将你带入游戏世界中。

——格林·迈克唐纳德

有一种说法，一款游戏的音效部分可以占据整个游戏互动体验的三分之一，操作和视觉部分占了三分之二。但我认为音频在互动体验效果中能够占据大于三分之一的部分。你玩过音效的游戏吗？那一定是无味的，没有吸引力的，不能够给人震撼的感觉的。即使设有音效但是做得不够完美也是有欠缺的。本章我们将讨论如何确保你的作品有出色的音效和完美的音乐。

提示

音乐能够传递情感及背景主题，音效则能够通过听觉来向玩家表现游戏的真实性，让玩家有一种身临其境的感觉。本章所讨论的授权音乐包括授权预先录制的曲目音轨和授权的原创音轨（开发公司与知名音乐人签约专为该游戏创作的音轨）。本章谈到的原创音乐指的是根据游戏所强调的主题，特别为该游戏创作的原创音乐。

如同电影一样，游戏音效的后期制作会在项目末期，即所有部分最终合成时进行。这项工作在最后极有限的时间内赶制完毕。尽管在游戏开发业里这种情况较为正常也可避而不谈，但是后期赶制可能会影响效果与质量，而互动游戏恰恰需要高质量的音频处理才能保证玩家在感受游戏时有高质量的互动性与娱乐性。

目前电子游戏音轨制作和电影音轨制作同样都会引入新一代的艺术家参与制作工作，他们具有崭新的思路、崭新的观念、崭新的风格制作崭新的音乐，他们正在掀起一场新音乐革命。就像《Def Jam》、《极品飞车》、《FIFA》中使用的音乐，开辟了一条崭新的道路。还有一些作品如《神秘岛》系列，创造了令人惊叹的音轨，请到了著名艺术家如皮特·盖布瑞尔参与了音轨的制作工作。

一款游戏如果不在音效音乐制作方面投重金，下大力度的话，想获得成功几乎是不可能的。任何新作品的开发者都不会小视音效音乐音轨的重要性，因而游戏音乐音轨音效制作的重要性不言而喻。

为什么音乐和视觉效果同等重要

如果有人问我电子游戏代表着新式摇滚吗？我的回答是肯定的。电子游戏正是代表着新式摇滚、新式 HIP - HOP、新式重金属、新式 R&B、朋克……这是我们的文化。在之后的两年里，电子游戏将会变成新广播新 MTV。新的阶段就躲在你写下的代码中，你演奏的爵士乐中，你打击的节拍中，未来就在你手中，此时我邀你一同抓住机遇，记住它、改变它，最重要的是要挑战一切！（EA SPORTS 游戏片头经典广告词）

——史蒂夫·舒纳，EA 全球音乐副总监

音乐是古老的表达方式，如果加上全新的视听媒体处理——最新式的表达方式，那将是新与旧的完美结合。史诗电影《教父》没有了原生音乐就不完整，《星球大战》没有了令人着迷的配乐就不会成为影响一代人的杰作。同样，里程碑般的经典游戏之作《大金刚》、《吃豆小子》、《超级玛丽》、《银河战士》也拥有着同样经典的音乐。也正是这些耳熟能详的经典游戏音乐把游戏音乐带入了新的时代。直到现在我们还是难以忘记那些熟悉的旋律和明快的节奏。

电影音乐能够唤起人们的激情，游戏音乐也是一样，引用作曲家杰克·华尔的话就是"关键问题是如何制作能让整个游戏活起来的音乐"。接下来我们开始讨论这个问题。

制作计划

第一步，也是最重要的一步便是为音轨的制作建立计划。在此工作进程中，制作经验很重要，紧密配合那些对于游戏情节有创造性意见的人来制定指导方针，目的是要确保音轨能够补足游戏情节互动效果。在和其他人开展工作之前要明确几个问题：所制作的音乐需要表达什么思想，是动感的还是激烈的；是忧伤的还是欢快的等等。确定音乐格调及其所要表达的情感、思想意向。至于如何创作的具体专业性问题不必担心，你所要做的是要确定音乐制作人员选择的标准以便能够依照既定的方案进行工作。

如果你不知道需要什么样的音乐，这时就要寻求团队里的音乐爱好者的帮助来寻找你需要的音乐（可通过你喜欢的电影，电视节目或其他游戏等作为参照），并就什么类型的音乐会吸引玩家这个问题进行研讨。我们常会使用其他作曲家的临时音轨，如 John Williams，Ion Zur，Jack Wall，Hans Zimmer 或 Ennio Moricone 来确定或构思音乐欲表达的思想。在录制单音初轨前要考虑以下几个问题：比如该音乐是否经过完整创作演奏以及乐团录制，现有的数据是否适用于 MIDI 制作以及其他音乐是否是由乐队（小型）演奏，明确了这些内容然后再制定该进程的预算计划。

接下来讨论你的游戏中会用多长时间的音乐，游戏音乐一般分为以下几个部分：

* 环境音效或背景音乐
* 战斗动作音效

* 情景音效（胜利、失败等）
* 片头动画、过场动画
* 授权歌曲

如果该游戏总共设有 8 个关卡，每个关卡设有 6 分钟的环境音效背景音乐，2 分钟的战斗动作音效，4～5 秒的情景音效，约 1 分钟长的过场动画，每关约 5 分钟 30 秒长的音乐，总共约 120 分钟长的音乐，尽管会有一些较长的过场动画，但上述的数据会给你一个大体的范围。在这种情况下需要总长约 120 分钟的音乐，可能其他项目只需要 30 分钟或更短的音乐。

寻找合适的人才

作为开发方，在寻找适合的人才时不应让自己受限于已有的资源（自己内部的音效部门），当然了，如果自己的音效部门已经具备足够的条件那再好不过，而如果自己的音效部门不具备条件那么就要从外界通过签约作曲或外包艺术创作方式来招聘音乐制作人员。

与外包美术创作一样，外包音乐制作具有很多独特的优势，首先，受签的自由作曲家对于这种自由的工作方式比较积极。其次，他们收取固定的制作费用，而费用在协议里有明确说明，比较清晰。再有就是这种方式可以使寻找面更广，选择余地更大。许多业内顶尖作曲家都以自由作曲家的形式工作，他们也在同样选择自己喜欢的项目，自由度相对较大。

那么如何寻找这些作曲家呢？你可以寻求代理人的帮助来为你的项目选择合适的人才。这里我们为你介绍一个机构可以通过网络为你选择最合适的人才。这个机构名为游戏音效网络协会（GANG）。另外不要忘记一个更简便的方法就是咨询其他的开发方，听取他们的意见，比如你喜欢一款游戏的音乐，查看这款游戏的制作人名单（在 GANG 上可以查询到 www. audiogang. org 或 www. mobygames. com），然后致电该游戏的开发方，咨询与这位作曲家的合作情况以及是否会向你推荐这位作曲家。

聘用合适的作曲家

聘用合适的作曲家可不是个简单的工作，在娱乐媒体中音乐作为重要组成部分是极具主观欣赏性的，可谓是仁者见仁智者见智，而优秀的音乐需要花费大量的金钱和时间，那么如何确保你为你的项目选择了合适的人选呢？如果你尚不确定人选，我建议采取面试谈话的方式进行选择。

首先，把你认为符合要求的作曲家列入面试名单，然后安排会面讨论相关问题如创作意向等。通过面试大体可以明确你的选择。面试可分为三个部分：

第一部分：根据作曲家的原创作品对其进行按风格区分，之后找出适合该游戏主题风格的作品。

第二部分：看画面谱曲，主要工作便是根据游戏中的过场动画或预给的动画进行谱曲。制作90秒的游戏动画脚本（原型文本或概念验证均可），合成制作成QuickTime格式寄给作曲家。作曲家完成寄回的作品将是你选择的重要根据。

第三部分：请作曲家给出具体化建议，概述既定计划使音乐与游戏完美结合并在某种程度上超越原有构想，他们会提拟相应的预算和进度表来明细制作全部游戏音乐的细节问题。

提示

开发方此时的工作是制定面试工作的大体框架（近年来称做pitch）并且在面试时进一步进行扩展。面试前要明确即创音乐的基调，并且参考游戏主题进行音乐处理。同时确定何种原创音乐是能够被接受的，能够与游戏融为一体。明确一切项目标准，如果这是个令人兴奋的好项目，那么一定会吸引许多作曲家，下一步就要考虑有关于支付的问题了。

作曲家们一般不愿面试，因为他们不确定他们是否能被聘用，他们是否为了面试白白做了许多工作。其次如果按面试正常程序进行的话，他们会被问及很多问题。如果这是个顶级制作工作，请作曲家们遵守各项规定是正常的，但是对于多数游戏音乐制作工作来说，此时作曲家们会有两种可能：①离开；②不会尽力做好。原因在于作曲家们的工作基本属于团队作业，聘请他们属于某种诚信范畴的工作。换句话说就是如果你信任他们的才能，他们会尽心尽力做好工作，反之如果你怀疑他们的才能（繁琐的面试、不停地修改方案）他们就会对你的项目失去工作激情。

作曲家相关合同

合同通常作用于开发方、作曲家及作曲家的代理人之间。第一步要弄清楚在聘请作曲家前需完成的工作，是否具备成型的模式和标准。如果尚未完成这些工作，可在 GANG 上下载一个样本。

99％的合同都会注明已购买该游戏音乐的所有权益，无论怎样，所有的辅助产品版税应与作曲家分离。几乎所有的电影原声音乐作曲协议都是这样操作的。建议你尽量与有代理人或经纪人的作曲家合作。这样一来，你和作曲家可以全力以赴开展创作工作，而合同方面的问题由代理人来处理，这样可以减轻工作压力降低出现问题的可能性。

与作曲家代理人进一步讨论合同问题，按照开发协议中所涉及的要求来研究合同。当作曲家本人参与会谈时要就"辅助产品"的问题进行磋商，因为这些辅助产品对于游戏的进一步完善发展有着促进作用，如音轨和在线音轨资源 viai Tunes. com。

提示

要知道与作曲家所拟定的合同及协议的内容和游戏引擎的技术许可是同等重要的，确保你已经在这些协议合同中说明了各项权益的具体情况，比如哪一方以××为目的享有××权益等。这样可以使音乐创造更大的收益。

举个典型的例子，《神秘岛3：放逐》中的原声音乐被应用于最近上映的《彼得·潘》的电影预告片中，这种音乐再利用为该音乐的版权持有方育碧（UbiSoft）（《神秘岛3》的出版公司）创造了一笔不小的收入。

与作曲家进行合同商议中的一个值得考虑的地方就是确定有限许可与权益买断的具体问题上的区别。因为从价值角度讲，两者在金钱上会存在巨大差别。

配套使用

音乐发行着实是项复杂的运作过程。逾越这本书的范畴可以将其解释为音乐辅助收入的几个方面：音乐作品副本产生的机械使用费，音乐作品演出产生的演出版税以及版权的使用方面的费用。关于许可权主要有两点——主要使用和辅助使用。多数情况下两者大体相同。主要使用主要是指按合同与其签约艺人分享的权益（在此指游戏开发方），而同步使用指与作曲家与出版方五五分成。如果一段游戏音乐被用于电影预告片，其版权使用费收入为10000美元，那么有5000美元将归音乐版权所有者所有。另外5000美元归游戏出版方，然后游戏出版方再与作曲家分成。

一些游戏制作出版公司比如EA，以 sub–publishing 的方式与音乐的版权方进行合作。对于出版方来说，开发原创音乐，以一种持续盈利的方式进行运作是比较理想的道路方针。

现场音乐录制

无论是小型管弦乐队还是大型交响乐队，现场录制的重点在于聘用适当的作曲、音乐制作人、专业音响师来完成这项工作。现场录制同样需要大量的准备工作和充足的财政支出以确保其顺利进行。

音乐录制需要各层工作人员的紧密配合。作曲家用 MIDI 混音系统及合成系统来制作曲目样本，称为样本音乐片段。然后将样本交给开发小组进行审核反馈。之后将审核后的 MIDI 样本交给录音乐队分奏。分奏指将乐章分解为各种乐器进行演奏分谱，这项工作要在录音阶段开始前至少几周内完成。

与游戏公共关系人员及音轨负责人紧密配合进行录音制作工作，录音脚本对于游戏发展及销售是极有用的。

这些准备工作要在录音开始前完成，而此项工作恰恰超出了多数开发方的工作责任范畴。这就是开发方需要在此时聘用适当的人员来负责录音阶段的工作的原因。参与的制作人员人数取决于音乐的类型及规模，根据具体情况而定。制作人员可能达到 70 人以上，或许还需要一个合唱团、一个交响乐队以及音乐拷贝人员，还有一名舞台监督管理人员负责站位等工作、一名音乐承包商负责协调所有的乐手等。不要忘记助理人员，他们负责每个人按计划进行工作，一名工程师及其助理，一名计算机专业人员，如果没有承包商那么还需要一名音乐协调人员总揽全局确保工作正常进行。运用授权可以节省大量时间。

提示

用音乐代替音效是另一种节省音频制作费用的方法。通常来说，一段简单的吉他弹奏可以给游戏带来音效所无法得到的效果。

当交响乐队录音时，有一条不错的经验法则就是使用非团体性的乐队进行录音，特别是去较远的地方进行录制如布达佩斯或布拉格，这可能只需要每分钟花费 1000 美元。而聘请世界一流的

交响乐团如伦敦交响乐团、好莱坞电影乐团等，其价格达到每分钟 2500 美元也不足为奇。还有个值得一提的问题就是，交响乐团在录音棚中录音一小时预期可以完成 3~5 分钟的音乐录音。这取决于音乐的难易及准备情况，因而花费不少、成本较高。所以开发方须认真考虑与作曲家及演奏家的合同问题，以确保可以获得其音乐带来的盈利。重要的是要确保买断游戏版权包括游戏的非限制权益（unlimited quantities of the game sold）。

任何成熟的娱乐媒体在收入进一步收益之前，可以在卖出多少游戏上支配更多的费用，这是个亮点。但是无论如何这些问题要具体问题具体分析。

提示

美国音乐家联合会于 2001 年指出，电子游戏作为一个迅猛发展的产业仍在以一种传统的低利用率的制作方式进行音轨录制，这是很遗憾的。而低利用率的主要原因在于互动娱乐的制作结构问题。互动娱乐的运作形式与大制作电影的运作形式是相同的，但大制作电影可以投入百万美元于音轨的制作而游戏制作通常只投入很少的资金。目前美国音乐家联合会推出了互动娱乐的新动议，其中提出了一个名为"三小时进程"（three-hour session）的标准，包括任何形式全权买断聘用费用标准为每位音乐家 190 美元等。关于如何运用 AFM 合同的更多信息参见 http://www.audiogang.org 或者直接登录 AFM 官方网站 http://www.afm.org。

使用乐团或乐手现场演奏录制的原因

在新游戏音轨录制中使用现场录制有很多优势。首先，使用现场录制音轨可以增强产品的市场竞争力，因为现场录制的音轨质量效果较高，从而提高了游戏预告片、广告或者可下载游戏片头动画或过场动画的视听效果，可以有力地吸引玩家的注意。

游戏音轨为开发方建立了另一套 SKU 从而使发行保持微增风险。音轨营销可以通过直销及在线销售补偿乐队录制阶段的花费成本。两周后《光环 2》音轨销售量仅北美地区超过 120000 份即

400000 美元的额外商业收入。建立额外 SKU 可以为如收藏版或预售版等辅助商品创造额外的销售机会。

音效制作及管理

本节继续讨论音效制作及音频处理。音效及音乐需要专门的制作管理从而使音效与画面效果、提示等完美结合。高效的制作管理是非线性音乐音效的重要环节，音效设计人员在设计音效中一般不会从数据库中选用声音样本，所以他们必须寻找新的数据库或者自己制作音效。举个例子，快速摇动一根管子并用麦克风录下"呼呼"的声音，这种声音通过重播慢放，调整音调、高低音、音长等制作手段使之适用于各种游戏效果。这属于比较容易制作的音效。

命名约定

说到音频与音乐管理，对于灵活的命名约定来说重要的是要符合定位原则。开发方的工作是决定一个行之有效的命名约定。并将其落实到位，反之团队风险将会耗费大量的时间来确定清理数以千计的声音文件，而且更糟糕的是复制未命名的数据风险较大。这里有个建议，运用编号方案，此方案可以轻松对数据进行重命名、自行命名、整理等。这也需要命名条约适用于多种语言并且兼容于各种版本的 Windows 或 console region OS。

有一种方法确保音频可以被轻易制轨，那就是用 Excel 制作一个音效清单，运用数据透视表确认音频类型，利用 Excel 可以轻松整理这些数据也可以对数据现状进行跟踪并可将其文件名译码。也可以使用相应程序将音频文件的文件名升级更新，使之符合定位标准而不需要手工来完成这项枯燥乏味且耗时的工作。如果不确定或没有将音频制作及合成工作建立清晰地进程计划，那么就要与专业音频人员商议，并用最具效率的方法来完成这项工作，这对于任何游戏来说都是至关重要的。

尽早使用临时音效（temp sound）

成功的制作团队一般都会尽早运用临时音效，通过音效一体化进程对游戏音效以及音效控制面板进行测试并就其问题进行清理整合。通过提前运行音效文件经常更新数据可以明晓哪个音效是失败的以及音效在游戏运行中会产生什么错误。在一整套目录中复制新的个别数据取代更新整个游戏的音效文件。但是如果该目录并不存在或不了解音效的使用情况，那么将资金投向制作任何音效或音乐的最终版是不合理的。考虑什么方案可行，什么方案成本高，然后考虑临时音效的运行及怎样提高音效质量。

流程推进

这里有三个步骤或称为三个阶段，曾用于与外部音效承包商合作过程之中。

1. 临时音效：直接来源于数据库或现有的数据资源。这种方法有时会很有效，百分之百匹配游戏要求，而且不需要任何修改，但这并非总是有效。只要你和你的团队成员来亲自试听音效，你即可以向音效设计人员反馈你的意见从而使音效得到改进，音效设计人员会更新音效列表，当工作完成审核工作时交付设计人员三分之一的费用，将这些改进过的音效植入游戏看看是否匹配。

2. 修改音效：这些在游戏中运行的音效已是"第二代"音效（改进音效），通常其中 50% 的改进音效是与游戏匹配的，它们可以直接进入下个阶段即最终核准阶段，此时修订更新音效清单，新增若干音效，去掉不符合的音效。此工作完成时交付工作人员三分之一的费用。

3. 最终核准：在这个阶段中，最终调整任何悬而未决的音效，进一步整理改进并且更新音效列表，此时交付最后三分之一的费用。

利用这种方法可以避免开发方在从未使用过的音效上花多余的经费，音效清单也会随游戏发展进步、临时音效的使用而更新。这同样可以使开发方和音效设计人员在使用音效和未使用音效上达成一致，同时可以确保最棒的音效确实使用于游戏而非仅仅被列在电子表格上直到产品进入最终测试阶段而未使用。

使音效与美术资源相匹配

对于任何游戏，美术素材通常与音效音乐美术素材有直接关系，尽管不是百分之百相匹配，但是大多数声音制作工作与美术素材相关。鉴于这种情况我建议增加音效列表（sound effect status sheet）并将其在 Excel 中作为链接文件。跟踪美术素材和声音素材的情况，通常美术素材清单根据设计变更进行改进，包括新增功能、动画片段、特效以及界面和菜单等。通过连接音效清单你可以确定美术素材的任何变更都会反应在列表上。这样一来，你就会将出现诸如音效遗忘和不符合制作要求这类的风险降至最低。

提示

关于音效的制作可参见《游戏开发者》杂志，以及 GANG 的官方网站 http://www.audiogang.org。这些可以为开发方提供许多信息。

配音工作及指导工作

语言部分作为游戏开发的另一个重要部分，我建议开发方聘请专业人员负责该部分工作（如经纪人，一站式配音工作室）。目前有很多音频工作室可以为开发方提供服务。如果你之前做过这项工作你会知道这是个工作量较大的工程，大量的文字工作、寻找合适的工作人员、导演，与工作室签合同、安排声音工程人员根据游戏编辑修改数据工作的交付日期。在具体的录制工作之前，开发方首先要确认剧本已经完成。剧本需要适当的注释，这样可以保证编辑人员能够正确编辑录音文件、正确根据文件名保存相应的录音文件。如果你不能确定剧本是否完成，不可进入工作室开始录音工作。当剧本未完成时开始录音会造成大量金钱、时间的浪费。并且与推迟录音相比工作量要大得多，当剧本完成、角色确定时应考虑聘请一名导演，聘请导演可以确保演员与角色相对应，并可使整个工作高效率完成，此阶段开发方不应该过多干预工作，如果聘请了适当的工作人员那么开发方的工作则只是把关审查。

当演员试录完毕时，与演员的代理人拟定协议。如果你使用团体性人才，你需要使用标准表格。

提示

在配音录制前需要给配音演员关于角色的大体表述纲要，称作角色综述。通过角色综述可以让配音演员在进入录音棚之前对角色的背景、大体情况有所了解，这样演员可以不必读整个剧本便可以了解角色。

配音工作的最后一项准备工作就是建立预算计划，一定要在演员录音前完成。要记住越多的演员就意味着越多的支出。假如一款游戏只需要 25000 句台词，何必录制 99999 句而浪费经费呢？

预算计划可以确保演员各司其职，可以显示具体需要多少演员来完成，在何时何地录音以及配音是否能让游戏设计人员满意。预算对于录音是十分重要的，确保预算计划的完成。

运用团体性人才和团体要求

是否运用团体性人才（union talent）是开发方面临的直接关系到配音预算的另一个问题。为什么称做"talent"，这里为什么会有"union"？这里有个原因，聘请非团体性的演员可以节省付给演员的经费，但是长久来看并非如此。这会浪费许多时间来反复，至少从我的经验中总结非团体性的演员显得不够专业。

如果你执意使用非团体性演员，那么想想由于聘用这些演员导致的额外的编辑费用和导演费用。如果你考虑到了这些因素，那么你一定不会聘用非团体性演员。我自己也是由于非团体性演员而遭受了一定的损失。

你偶尔可能会被迫无奈使用非团体性演员。这时可以通过

卓越的音轨音效

Taft – Hartley waiver，在团体性人才中聘请任何非团体性演员。联系 SAG/AFTRA 获取更多关于 Taft – Hartley waiver 及必要文档的信息。非团体性演员应该在收到 Taft – Hartley waiver 时立即加入团体。

签约人义务

这里签约人（开发方签署时间表，支付支票以及其他与团体签署的文件）与任何团体合作时需要一些申请条件，这些条件也正是我建议聘用产销公司来为游戏掌控配音工作部分的原因。条件其一就是所有 SAG 阶段支付的费用必须在适当时候支付，包括适当的折扣额，如常规 W2 工资支付支票一样。其二，产品须与团体建立公平比例分成（通常是 13%）用于团体退休基金。另外，产品或需付给演员代理人一定的费用（另外 10%）。

最后，人才或负责该进程相关的权益买断。总的来讲，开发方会争取获得配音阶段的全部权益。参考 SAG/AFTRA 来寻找其他获取游戏需要权益的附加条件。

提示

现在 SAG/AFTRA 正在致力于为互动娱乐开发产品协议，他们意识到了电影模式的协议并不适用于游戏产业。登陆 http://www.audiogang.org 获取更多信息。

声音引擎

目前有很多声音引擎技术，包括制作自己的声音引擎的技术。开发方在确保自己的游戏使用适合的引擎时应注意的最重要的问题就是，确定该引擎具备所开发游戏需要的性能。假设你的游戏需要具备多普勒频移的效应，因为在第一人称射击游戏中玩家需要听到子弹飞过反弹的声音，如此就要确保具备这个功能才能达到上述的效果。

开发方还需要考虑的是压缩速度和压缩比的问题。先要弄清楚你的游戏需要有多少句台词，多长的音乐，多少种音效以及以什么压缩比进行压缩（1/8 或 1/10）。然后运行测试，确保制作团队对解压缩速度、CPU 运行条件、最小适配文件大小等感到满意。

关于声音引擎这里还有很多需要注意的问题，把这些问题交给你聘请的声音工程师及其他专业人员完成。你可以问该问的问题，只要相信他们的专业素养。

整合

音效的合成（包括环境音效和触发音效）、动态音乐（dynamic music）、语音对话以及音效制作合成的其他工作，这些的确是相当大的工程。在我做过的项目里，我曾只用一个人来负责音效的合成，这的确是比较冒险的。但无论怎样这样做的优势是这个人了解如何进行合成工作，并且方便管理。反之如果你有一个团队的人，让他们每个人都各司其职的进行工作，这样可以分担风险。

随机音效需要很多声音文件，配音、背景音乐等比较复杂，所以要确保专人专攻。合成音效这项工作需要注意每个细节。最后这项工作和音乐录制和游戏制作其他部分同等重要，如果最终合成不能成功完成，那么相信你的游戏不会达到你和玩家预期的效果。

结束语

要记住玩家们购买一款游戏有一半因素是为了它的声音效果，如果你玩游戏时关闭声音或者这款游戏声音部分做得不太成功的话，你一定会相信音效真的占了一半娱乐效果。切勿忽视声音部分，确保你的游戏能够具备尽可能优秀的声音效果，是使你的游戏获得成功的最省钱的办法。

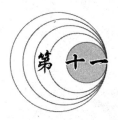

第十一章 质量保证和游戏运行测试

质量保证和游戏运行测试是完成游戏开发前的两个重要阶段。我们认为这两个阶段是游戏发行前必须进行的。质量保证和游戏运行测试确保产品按所设计的运行并具备完善的功能，良好的使用性以及娱乐性从而能够吸引评论家和玩家的注意。如果省略了这些步骤或者仓促进行这些步骤，那么产品将会充满了 bug 和与其他软件的运行冲突。

在这一章，我们会介绍一些有效的普遍的方法和检测程序，这也是开发方应该掌握的。通常情况下，优秀的开发人员应具有一定的质量保证背景知识。在这一章阐述了开发人员掌握这些知识的重要性。同时解释了游戏测试的责任所在以及如何反馈游戏，这是很有意义的。

最后本章讨论一些由于质量保证出现问题以及游戏运行测试不足而引发的主要风险。既想没有风险而又要跳过这些步骤是不可能的，因此对于一名开发人员最重要的是确保使用有效的方法。

质保团队的工作程序

开发团队与质保团队的关系何在？最好的检测游戏的方法是通过每天玩这个游戏，了解它的每个部分。在发展的后期，循环运行游戏对于检测小组是很重要的。让开发人员能够尽早与质保团队配合工作，从而制定出有效的游戏测试方案。

质保程序包括建立监测计划与方法报告、纠错、跟踪、核实以及关闭错误程序。不同的团队有不同的工作方法，没有一种方法可以适应任何情况。在本节内容中我会提供一些以前对于建立测试计划和 bug 修正比较有效的方法。

测试计划中应包含什么

虽说建立测试计划应该是质保团队的工作范畴，但是开发方可以通过交付 QA 团队领导游戏版本更新程序让这项工作尽早开展（约母盘生成时期前 6～8 个月）。而 QA 工作的目的就在于看看游戏是否达到了设计要求。

计划中必须要涵盖各个阶段的检测内容：

* 游戏运行功能检测：这项检测目的是为了确保游戏运行能够达到设计标准。
* 单元/角色功能：检测单元或游戏角色在游戏环境中的运行情况。
* 情节发展：这项检测确保整个游戏按设计情节发展并且包括了所有设计的过场动画。
* 用户界面：这项检测确保用户界面有效、直观并与游戏运行相匹配。
* 声音和音乐：声音和音乐测试确保所有声音和音乐符合设计要求。
* 兼容性：兼容性测试确保游戏可以以最小系统资源运行并且测试其在电脑上运行的硬件兼容性宽度。
* 母盘生成时期/最终检测清单：最终的检测程序用来确保游戏已经准备好生产或取得许可。这些最终的程序是为了确保最后几个月内工作不会因粗心大意的错误而陷入危险境地。

在检测的每个阶段要及时把更新程序文件送抵 QA 团队，否则 QA 团队就无法进行检测计划的建立工作。

责任分配

测试阶段的工作分为许多部分，有专门的人员负责。QA 阶段的分配情况如下所示：

* QA 领导人员：作为 QA 领导人员根据测试计划总体管理
  QA 团队。QA 领导人员可以直接与修复 bug 的助理开发方
  联系进行工作，也可以配合 QA 测试经理（部门经理）工
  作，确保游戏测试进程的完整性。并且负责测试计划
  进行。

* QA 领导助理：辅助 QA 领导的工作并且在 QA 领导不在时
  负责工作。

* QA 工作人员（测试人员）：负责具体测试工作并且完成
  bug 报告，通过测试程序小组的代码可以发现所有设计问
  题。他们根据要求对游戏进行测试。

* 开发人员（bug 分析处理人员）：当项目进入 QA 阶段，开
  发人员的任务是听取问题，分析问题，提供解决问题的方
  法，而不是为他的项目"辩护"。

* 开发助理（bug 分配人员）：当项目进入 QA 阶段，开发助
  理的工作是维系调节人员工作关系，并且将 bug 分配至成
  员进行处理。

* 兼容性测试人员：通常兼容性测试都是由其他公司来做，
  由 QA 领导人员来管理，开发人员和助理开发人员要与
  QA 领导人员协调好工作，确保进度安排以及测试包括所
  有硬件功能。同时也需要提供所有需要的硬件给程序人员
  用以修复 bug，并计入记录。

* 游戏测试人员：游戏测试人员可以由任何人来担任，测试
  组成员、设计人员、程序人员、开发人员或外聘的测试人
  员测试并评估。游戏测试需要细致严谨的人员来完成。

责任分配价值的增加来源于开发方能够认真的对待每个问
题，重视每个问题。同时开发方要协调好各个部门的关系使他们
能够以较高的效率工作。

团队作业

团队作业，在开发的每个阶段中特别是 QA 阶段都是至关重
要的。记住，每个测试人员都爱玩游戏并且对他们正在做的事情

有着足够的热情，他们常常会回家玩游戏一直到凌晨。作为开发方，你要鼓励他们之间的交流与沟通，交换各自的想法观点。构建良好的氛围，你也要和他们分享你作为开发方的经验，他们也想自己的事业取得进步，所以他们也需要向你学习一些东西。游戏测试阶段正是需要这种坦诚的、开放的交流环境。如果你能与QA 团队默契配合，那么这一定会帮助你的产品早日发售，不超出预算并且质量过关。

以下是帮助你建立良好的团队作业关系的几点建议：

* 奖励测试人员：免费的午餐、资质证书、公众的认可等。

* 竞争分析：测试人员应该知道如何达到同类产品的标准，鼓励使其与其他对手竞争，从中提高自身要求。

* 观察和聆听：开发方可以通过观察人们玩游戏得到很多信息，通过玩家的反应可以看出什么有效，什么没有效果。

* 防止错误遗留：这意味着测试人员应该把任何看上去是存在错误的部分统统修复。可能由于技术原因或者时间原因导致的 bug 无法修复，但是不可能出现引擎就是以这种方式运行而无法修复这种情况。这些遗留的错误正是因为测试人员没有把问题写入报告，因为他们被告知"它就这样工作"一类的错误言论。

* 活跃气氛：测试团队成员会因为总是在玩同一个游戏而感到枯燥乏味，这时你要出面来活跃气氛，幽默的笑话、轻松的气氛可以使工作更加有趣味，所以可以让成员们放轻松。或许你可以带着大家出去喝上一杯。

* 尊重他人的意见：开发方当然有权利掌握游戏的一切，但是要记得测试人员的意见也是很有价值的。尊重他们的意见，即使你持反对观点你也要懂得听取他人的意见，你会学到很多的。

* 不要盲目反对：开发方总是在 QA 阶段对游戏对 QA 测试的反馈持反对意见，但是当你收到关键反馈时一定要认真的听取反馈意见，总会有解决方法。除非你得到的反馈是将整个游戏返工时你可以不接受，如果得到的反馈是"确实不怎么好玩"时，你要总结一下原因了。

* 综合硬件情况：通常制作团队使用的硬件都差不多，这意

味着游戏在同样的硬件条件下运行是没有问题的。但是可能在其他硬件条件下运行会出现问题。希望 QA 团队能够提供多种硬件条件进行测试，这样可以避免在发行后出现硬件兼容性的问题。

跟踪及修复 bug

在开发的过程中同时修复 bug 是所有团队期待的事情，这样可以按部就班的完成任务。如果你能在开发过程中——甚至测试之前同步修复 bug，那么可以保证你将完成一个完整的游戏，源代码可以以稳定的模式发展进化。

如果你等到项目结束时再一并修复 bug 是比较有风险的。并且会在母盘生成时期发行和商业出货这个关键时刻导致时间的延误及导致更多的 bug。bug 在代码编程初期是较容易纠正的，引用杰米·弗尔斯顿的话来说："预计功能生效的时间要比预计修复 bug 的时间简单得多。"

从更复杂的情况来说，如果你的游戏运行不了几分钟就会卡，团队是无法知道功能能否生效，更无法得知新加入的功能是否生效，也就无法确定是什么问题导致游戏会卡。所以要在开发制作游戏的同时尽量控制 bug 的产生，这会为以后的工作争取很多时间。

以下是确保 QA 和游戏测试阶段尽早进行的几个方法：

* 尽早跟踪 bug：让团队建立跟踪内部 bug 的计划。可以以 Excel 形式或者 bug 跟踪数据库形式出现。要在开发初期尽早建立。

* 确保自动生成系统到位：让开发方及其团队既及时又简便的确定 bug，当游戏出现问题时能够第一时间获悉。确保进程自动进行，确保能够及时清晰地分析出什么需要板块并及时通知团队。从而使问题得到解决。团队可以从资源控制那得到第一手数据，同时对错误进行修复。

跟踪并记录所有的反馈

确保能够跟踪解决所有的 bug 并使计划具有灵活的可选择性。跟踪听取来自各方的意见、建议、观点，是游戏开发阶段的重要组成部分。要确保有价值的反馈得到及时记录与处理。

内测

在开发阶段中内测的定义可以说是随情况变化而变化并非唯一的，所以我这里以普遍情况为准，以近来的一些项目为准供大家参考。总的来说，游戏的内测版本就是完成了所有功能和素材的制作，但是仍存在一些 bug。以下的细节描述以供参考。

"内测版应该是已按照设计方案及设计程序方案全部完成了功能核心部分的合成，仍存在已知的 bug。内测版同样具备所有的功能特性，包括菜单和操作界面、介绍、结尾序列（endgame sequence）、初步音效、初步音乐。"

公测

公测意味着所有的素材合成完毕，产品正在接受 bug 测试。我常听说这个阶段是没有碰撞 bug 的，但是事实上很难达到没有碰撞 bug 这种程度。碰撞 bug 在平台单机游戏中很少见，但是在PC 游戏上就显得平常得多了。即使是平台单机游戏开发过程中也可能遇到碰撞 bug 的情况。

以下是对于公测的技术描述：

"闭合公测版意为设计程序功能和源代码已完成90%。仍需要继续完善直到修复了所有已知的能够导致碰撞或冻结的'A'bug（不存在已知的严重 A bug）。A bug 意为：①在游戏运行中出现重复的计划外事件或重复动作现象，导致游戏贴图缺失或功能失效；②无法按照设计程序运行；③显示、声音、视效缺失；④数据系统、储存命令等出现缺失、损失。

在里程碑中没有就这个问题进一步的进程记录，所以团队要把注意力集中在尽快运行游戏、测试、修复 bug 上。当出版方给出了系统兼容要求，要马上就给出的系统要求修复影响兼容性的bug。封闭公测是由工程师和开发人员完成的，并不向大众公开。下一步进入开放公测阶段。

开放公测

在开放公测阶段，开放公测版的一小部分游戏数据和完整的游戏引擎会提供给一组消费者团体（游戏迷组成的团体），开放公测版并非公布给任何人。他们会对游戏的完善起到推动作用，在游戏面向大众前帮助开发团队找出游戏的缺点以免造成发行后令广大玩家找到该游戏的 bug、退货或者致电寻求技术支援等等使人尴尬的事。

要意识到你如果将没有彻底完成的或者不好玩的游戏发行出去，一定会造成极大的不良影响，使自己和团队蒙受损失。

以下是开放公测较合理的定义：

"'开放公测版'意为所有功能及代码已经完全依据设计程序制作完毕，但是可能仍存在不足之处。产品可能会有其他语言版本或使用其他语言的数据。开放公测版需继续完善但是已经修复了已知的导致碰撞或冻结的 A bug（不存在已知的严重 A bug）。"

内部 QA 团队 VS 外部 QA 团队

每个游戏项目计划都需要经常测试。无论是由制作团队自己进行测试还是找其他的测试团队，总之作为开发方有责任寻找合适的 QA 帮助。开发团队应该常常运行、测试自己的游戏，称职的开发方会确保团队尽早得到应有的 QA 帮助。以下是测试如何在开发阶段发挥价值作用的。

开发测试

开发测试指当开发团队已完成了游戏的大体功能并已经可以运行时开展的测试工作。只进行游戏完成部分的测试。开发测试应该与运行测试区别开来。

提示

当 placeholder 音效合成完毕时尽快进行音效测试。通常音效音乐测试由团队中的音效总监进行，但是如果在有可能的情况下，请作曲家和音效设计人员参与那再好不过了。确保作曲家和音效设计人员向 QA 团队领导提交了相关文件，从而使游戏测试报告包括了特殊音效的测试计划，这样对于音效音乐的测试就比较完整了。

娱乐性测试

娱乐性测试主要是测试该游戏的主要娱乐因素的娱乐性。该测试目的是确定游戏中娱乐性不足的部分以及处理不当的部分。该测试要尽早进行，因为随着项目进展游戏的制作完善，当测试出现问题时越晚修改，工作量就越大，难度也越高。

我建议开发方利用周末组织几个"游戏节"，这样可以使团队成员体验到消费者第一次玩这个游戏的想法。分析 bug 和设计不足是很关键的，通过这些有价值的反馈可以使游戏得到进一步的完善。游戏性测试要贯穿从成形到公测的整个过程。这样可以保证有价值的反馈可以及时起到作用。

字幕名单

字幕名单包括了游戏制作的每一名工作者。但不幸的是往往到游戏开发制作的最后阶段仍然有很多新增的要求。以下是可以让你制作字幕名单更轻松、更有效的方法：

* 建立一个简易人员名单，没有格式没有顺序，没有人员主次之分。然后拿着名单让每位成员签字，这样可以让每个人确认自己的姓名、职位、名单上的位置。这样虽然可能用掉每人两分钟的时间，但是却避免了长达 20 小时的冥思苦想和之后的冲突。

* 名单一旦完成就将其交给制作字幕名单的人员手里。如果你要制作滚动字幕，那么确保在其他人参

与前自己先进行测试。

互动游戏协会 IDGA 可以在这方面提供帮助，可以从 IDGA 的字母标准委员会那里获得字幕标准模式的文件。该协会的宗旨就是规范制作人员字母标准从而可以便于各个工作室使用。可以发送邮件至 credits@ igda. org。

匆忙进行 QA 所带来的风险

匆忙进行 QA 工作所带来的风险可谓是巨大的。这里列举一些：

* 满是错误的软件

* 兼容性问题：游戏与硬件不兼容，这个问题越广泛对产品的影响越坏。

* 退货成本及负面影响：产品经常被零售商退回，当产品存在程序问题或不能正常运行时零售商只能推给发行商。产品退回占到全部零售的 20%，使产品的商业前景不可预测，成本损失甚至超过了开发成本。

* 你的产品有病毒：别笑，试想一下你发行了一款有病毒的游戏，发现后将游戏召回并销毁。这正是因为你在制作开发时你的网络感染了病毒，由于仓促，直接将产品送去生产，就发生了这种事。

* 你的产品存在未写保护的源代码及数据：甚至专属平台游戏开发人员也会在这上面犯错误。如果你仓促进行 QA，这是很有可能发生的。

* 出现盗版：由于产品仓促发行缺少保护很容易被盗版。

* 地区问题与世界同步发行：如果其他语言版本没有统一就仓促发行，不会使你更早的取得市场份额，反之还会造成相反影响。

* 拒绝生产：平台专属生产厂商（SONY，Nintendo，Microsoft）会拒绝代理生产如果没有通过他们的最终质保，所以做好自己的质保工作，确保没有仓促进行质保，从而

能够通过最终质保。

提示

即使通过了生产厂商的质保，也要继续对产品进行测试。在发行期间要尽可能多的进行测试，从而尽可能在上市销售前找到并修复 bug。建立一个按照严重程度排列的 bug 清单，这样团队可以优先解决严重 bug，即使被打回，返工工作也会轻松些。

结束语

在游戏开发和测试阶段几乎每个错误都有人犯过，没有理由再犯了，要从以往的实践中总结经验教训。严格按照严重程度排序 bug 清单进行修复，确保补丁程序的有效性（如果你在线开发 PC 游戏或者专属平台游戏）。修复 bug 和避免出错同等重要。

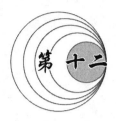 **第十二章 与营销团队成为伙伴**

开发方与品牌经理之间的联系可谓是相当紧密的。如果开发方与品牌经理在各方面都能达成一致，并将计划顺利执行，那么没有什么可以阻挡迈向成功的步伐。

——塔比·海耶斯，
动视公司《毁火战士3》的全球品牌经理

我从品牌经理那里听说过一个普遍的问题，那就是开发方对品牌经理的能力没有充分的信心并且也不相沟通。这就使其成为所开发的游戏走向成功道路上的绊脚石。要确保游戏产品获得成功的一个关键方面是要去使产品适应市场。重点在于品牌经理对产品了如指掌。同样也明白怎样向消费者和代理商转达关键性的信息。

本章我们将讨论开发方与品牌经理关系中蕴含的力量以及开发方怎样才能确保其与品牌经理合作在游戏销售中取得最佳效果。

让品牌经理更轻松

在一款成功的游戏推向市场运作的时候，你的品牌经理是你的搭档，这里有很多方法可供开发方运用从而帮助开发方维系这种良好的伙伴关系，确保品牌经理对于工作具备其必须的能力与方法。用海耶斯的话说，此时你的指导思想应该是"协作第一"，因为销售一款游戏与其说是一门科学还不如说是一种艺术。如果说销售是门科学，那么将数据带入相应的公式结果该是精确的。这与现实的游戏销售差距甚远，特别是原版游戏（意味新的知识产权或产品概念）

了解市场动向

搞清楚品牌经理所关注的东西是高效建立伙伴关系的关键所在，品牌经理关注的而不被开发方洞察的东西如下所示：

* 由竞争或补充商品引发的价格下调
* 定价行动，包括退税及其效应（产品在新的较低价位的销售量）
* 媒体购买，在游戏发售前需要在媒体上花费大量经费
* 一款游戏或品牌的整体盈利能力
* 品牌评估，包括一种品牌的资产价值，如游戏引擎的许可、IP 许可
* 市场机遇，包括产品发布日期以及竞争对手产品发布日期
* 视效素材交付时间表，当游戏产品交付时制定进程时间表是非常关键的
* 市场研究分析，要知道分析复杂的消费市场需要决定性、分析性的思维方法
* 包装、营销、广告制作、在线推广，这只是游戏营销附属项目中的一部分

在策略上必须注意细节问题并且正确执行所制定的方案，在这一点上，开发制作一款游戏与销售推广一款游戏是相同的。下面我们讨论策划一个完备的市场营销计划的步骤。

尽早筹备营销工作并将其列入进程表

在计划初期，确定游戏营销主要措施及列入进程表的时间，配合品牌经理制定预期的素材计划，分析游戏销售状态。以下是进程表应列出的项目：

* 截图（低分辨率和高分辨率）

* 插图
* 演示版
* 演示脚本
* 游戏初始脚本
* 主要人物角色的 CG 图形
* 预售

想了解可交付潜在市场分析（potential marketing deliverable）详表，见附录 C 市场交付一览表。

在初始文档中制定市场促销方案

多数营销组织都会具备一个相对于其他营销方案独立的一种销售方案文件，这种程序叫做初始程序，该程序详列了产品的关键信息，如下所示：

* 协约
* 价格
* 配置声明
* 预计发售日期
* 特点
* 游戏类型、价格
* 产品概述
* 主要特点
* 产品优势
* 产品劣势
* 市场机遇
* 威胁

初始文件的主要作用是将相关的信息向消费者阐述清晰。

近期以来，Lionhead Studios 联手微软的 Xbox 推出了一款游戏《神鬼寓言》，游戏的主要特点是玩家可以选择扮演英雄，帮助商人们抵抗强盗，也可以选择扮演邪恶的大盗。而且玩家在游戏中作出的每个选择都会对角色发展产生改变，这也是该产品市场地位的基础，同时也是产品在竞争中的关键力量所在。不同的选择，不同的结局，这是个神奇的世界，你的每个选择每个举动决定了你的未来。多种多样诸如此类的宣传词传达了一个意象，这些会让玩家们感觉到游戏的真实性和高自由度的设计带来的娱乐性。这种思想贯穿整个游戏。

如果想要获得市场成功，关键在于要使你想要传达给玩家的思想和主要信息贯穿整个市场营销过程。

通过与品牌经理协作，在计划初期尽早定义产品的主旨思想，这样便可以使你获得高效市场运作的几率最大化。与品牌经理认真讨论游戏中每个定位因素，并且要保证就该问题在开发初期或预制阶段双方达成一致。把游戏主题纳入初始文件从而使之能够传达到参与市场营销的人员手中。

确定明确的目标

做出最好的第一人称射击类游戏与做出卖得最好的该类游戏是不同的，一款游戏可以具有高质量的画面，精细的场景，但它不一定是同类中销售最佳的。要确定你的游戏的市场定义，若要超越同类游戏对手，关键在于在某方面要超越竞争对手，并且在某方面要有独到之处。

从另一方面来说，市场销售团队的目标是填补某季度的收入不足。但是如果你的游戏在这个季度未能按时上市，那么他们的目标未能完成，互相不同步也会造成损失。所以让市场部门明晰你的目标和你去了解他们的目标是同等重要的。

与品牌经理探讨其他潜在目标以及他们如何对你的产品构成影响。产品的目标是否是发展性的，这是需要明确的问题。

确定冲突的解决方案

冲突在商业运作中是不可避免的，成功的关键在于你是否通过友好协商来解决冲突。你的目标应该是始终支持你的营销团队，让他们在其上级领导前能够得到你的支持，尽管某种情况下很难做到。面对问题，作为一个团队要做到客观的、明智的处理问题，如果遇到问题，不要将问题升级，向资深的同行咨询处理方法，寻找合适的解决方案。

克里斯坦·杜瓦尔访谈录

前EA 全球品牌经理，Activision 全球品牌经理

问：如果你能与世界各地的开发方进行交流，那么对于如何成为优秀的游戏开发方这个问题你会首先说什么？

答：把你的市场营销团队看做你的搭档，你需要弄清楚你们的共同目标——开发出一款好游戏并且在销售方面获得好成绩。为了取得成功你要从始至终与市场营销团队紧密配合进行工作，并在产品目标前景、市场定位等问题上保持一致。这种配合、合作需要延续到市场调研，同样要持续到竞争分析。对你的计划的财政方面要有充分地了解——生成盈亏平和分析，着实了解产品有怎样的财政影响。要了解一款游戏如何进入销售渠道以及需要做怎样的宣传，清楚市场销售团队需要你做什么，他们来做什么。如果你能与市场营销团队配合协作，当有其他计划出炉时及时提供财政支持，你就会为你的游戏争取更多的市场机遇。不要忘记你工作的宗旨，做该做的，不做不该做的，让市场团队掌握市场运作。举个例子，当别人就包装设计或广告等问题征求你的意见，你此时要提出你的想法但是不要一意孤行的作出决定，要尊重专业人士的意见。尊重是相互的。

问：当开发方与市场营销团队合作时，你认为在这种互相作用的情况下，作为开发方最重要的东西是什么？

答：作为一个团队的带头人，开发方必须要明白一点，就是开发方与市场营销人员是同一阵营的合作伙伴，共同为了同一目标奋斗。也许你们的意见会有分歧，这时你要学会保留意见，总揽全局，分析整体局面，加强合作。从整体考虑，这是最重要的。

问：关于一些对于市场营销组织的普遍误解，你能做一些纠正吗？

答：这里有个普遍现象，那就是开发方认为市场营销不懂游戏开发本身，在某种情况下是这样的。市场营销人员必须了解开发过程并且熟悉所开发的游戏，从而才能与开发团队紧密配合。如果开发方遇到了这种情况（市场销售团队不了解开发过程），我建议此时作为开发方要去向不了解开发过程的市场营销人员讲解有关开发方面的问题。这样可以提高之后的工作效率，确保你的市场团队能够参与开发调研活动，从而使他们对开发过程有某种程度的了解。并且能够大体了解关于发行或阻力方面的问题以及开发团队如何掌握这些情况等等。可以与市场团队一同试玩该游戏，并讲解其中的制作技术、美工部分及概念部分诸如此类他们可能不了解的内容——切身体验游戏场景、亲身经历游戏过程要比乏味的口述直观、有效。另一方面，市场营销团队必须紧密配合开发团队确保开发团队了解游戏销售的过程，一款游戏如何搬上货架供玩家购买。

问：你能解释一下双方如何产生分歧的吗？

答：多数矛盾分歧都是因为各自计划有所不同。其实无论对于市场营销团队还是开发团队主要的计划是相同的，都是开发出一款好的游戏并且取得市场成功，而问题在于达到什么程度才算是成功。这个衡量尺度必须在开发阶段初期就定下来，并且就这个尺度双方要达成一致。而且双方要将各自的目标锁定在上述的双方共同的主要计划上。举例说明，如果开发团队想要开发出一款高质量的游戏，他们就会花费相对较长的时间，这样会导致产品延期发行；而从市场营销方面来说，如果他们的任务是按预期完成发售，那么此时市场营销方面会敦促开发方面削减制作从而争取时间按时发售。你能想象出这种情况一定会导致分歧的出现，因为各自有不同的着重点。

问：你认为作为开发方面对与市场营销方面的关系关键在于什么？

答：开发方与项目经理对于项目成功来说都是至关重要的，首先他们各自是团队领导，把其他人组织到一起互相配合完成工作，他们要对某些问题、困难有一定的预见性，还要有能力去解决这些问题与困难。同时还要维护整个团队使他们免于不必要的麻烦，从而使他们的工作顺利开展。而开发方需有能力建立、维护与合作伙伴的协作关系，包括与市场营销方面、许可方、技术研发方以及第一出版方等。开发方也同样是自身产品活动的执行者，要能够内外结合推动产品发展。当然了，一名出色的开发方同时也是名出色的沟通者。

产品说明及广告文案

产品包装和广告制作则是品牌经理的业务范畴，但开发方也需要参与包装的设计与制作，把需印在包装上的核心信息及广告信息提供给品牌经理，然后品牌经理完成之后的工作。要记住，一名开发方对于产品包装没有决策权，但是可以在包装、广告方案起草时提出自己的观点或建议，然后审查首批方案给出经过深思熟虑的评论，最后在入档前最后审查，确保全部细节准确无误，尤其是说明书、产品评级、许可、许可商标以及发行所需要的一切。通过这些确保在项目伊始，品牌经理已经掌握了准确的信息。

公共关系与截屏选取

有效的营销活动关键在于有效的公共关系活动。当然出色的截图也同样关键。巡回发行、发布会、游戏宣传及其他的活动都依赖于它。

截图用于宣传画、网上宣传页面、包装、广告、销售单等。选取合适的截图是每个品牌经理的工作宗旨。但是没有开发方的协助他们是做不到的。

为什么截图如此重要

截图是宣传游戏、介绍游戏最直观、最现实、最准确的方式。要确保该游戏的截图令你十分满意。截图可以直观的向玩家、出版方及业内人士展示游戏内容、游戏特点。

截图对于游戏产品通常为一年的生产发展期来说至关重要。多数的产品发行（包括在线发行）在出版日之前需要充足的资金补足。截图通常要提前一两个月给出。而独家发行销售更需要独家提供的截图作为独家内容，你要为各杂志提供独家截图，此时你要有各种形式、各种规格的截图来为他们提供。市场营销方面须要掌握许多截图，以便为市场推广采取措施。

如何选取出色的截图

有一个问题需要问开发方及其团队："如果当你走进一家商店，在货架上的游戏包装盒背面看到某个游戏截图，你都会想些什么？"或者说"当某截图出现在一本游戏杂志封面时，你会有何感受？"

以下是选取截图的方法。

* 让摄影师来选取

确保他们有明确的主题，谁也不想看到一幅混乱的没有主题、没有重点的画面。如果团队里有经验丰富的摄影师，那就让其完成截图的选取工作。

* 使用高分辨率

任何批次的截图要确保其中有一部分是无损图像，分辨率在 1024×1280 或更高。而杂志封面、包装盒、整页的广告则需要 3200×2400 分辨率的高清晰图像。与市场部门和公关部门讨论研究确定具体需要多少高分辨率图像。

* 严格筛选

选取截图同样是种技术，优秀的摄影师都知道如果有 100 张备选照片，其中可能只有 10 张是值得选择的，选取截图也是如此。

* 建立截图图库

当运行游戏的时候每名团队成员都应该参与到游戏搜集截图

的工作中来，共同建立截图图库，这样一旦有需要使用截图的机会便可以从图库中寻找，做到这一点那么你就无愧为一个准备充分的开发方。

访问与公关

当你有机会向媒体谈论关于该游戏出版发行的情况时，你需要遵循下面几条规则。首先当访问时你的态度即不要太保守也不要太过自信，记着和其他出版发行方有其独有的看法观点。把相关信息熟记在心，做好受访的准备。任何访问的目的都是让你的信息迎合记者所需。

如果有记者联系你，不要削减采访时间，告诉记者你现在很忙，但是一定要强调你会尽快回复。记住记者的姓名、联系方式、采访期限等，还有将记者想知道的信息列个小结，然后将这些信息交给你的公关人员。

提示

不要在没有准备、彩排、校对的情况下接受采访。在与任何媒体接触前先与你的公关人员就采访进行准备，在没有预备情况下接触媒体有一定的风险，并且弊大于利。想象一下，当采访的第二天你在网上看到篇文章猛烈抨击你的产品有多尴尬，这是因为你没有为记者繁复的问题做好充分的准备。

接触媒体前你要问自己："我为什么要做这次访问？"然后，就访问你须要列出一个清晰的计划。构思你想表达的关键性思想以及预测一些难以回答的问题。思考一下你理想的表述以及是否想要将其刊登出去。我曾被这类事件正中要害，那是我在旧金山纪事报上说："《神秘岛》这款游戏还存在许多缺陷……"这不是我本来要表达的意思，这只是我在回答记者关于当时神秘岛迷们的质疑时的语言片段，但是单独拿出来就不是这个意思了。其实更好的回答是："我们会在之后的《神秘岛》系列中弥补存在的缺陷，加以改进。"

练习大声表述，并且你的表述内容确实正是读者最想知道的，也是对于读者听众来说最重要的，而不是对于你自己来说最重要的。

出色的表述需要以下几点：

* 要灵活的而非机械性的进行阐述
* 对于产品的信息可以潜移默化的影响听众的感觉
* 你的表述要尽量使人难忘
* 你的表述要尽量真实
* 你的表述要尽量简明扼要

为了保证你的阐述的可信度以及关键性信息的一致，以下有几种方法：

* 在回答问题时融入你要表达的关键信息，假设当你被问到："这个游戏是关于什么的?"你就有机会把你的关键信息表述出来了。
* 你会被问到你不想回答的问题，这时不要逃避回答，巧妙地就具体问题进行解释并且快速回到你的关键信息上来。
* 如果你被问及一个你不知道如何回答的问题，无论怎样不要欺骗地说："我们会找到的。"首要的是真实的回答问题，解释为什么会出现这种情况，只要不是涉及悬而未决的事或者私人信息就不要平白无故地说："无可奉告。"
* 回答问题时使用简单句，别说行话否则别人会听不懂，说些制作轶事，举些例子，做些比较等。列些吸引人的统计数据未尝不是个好办法。
* 不要担心在整个采访过程中重复你的关键信息。越经常重复你的关键信息，记者和观众越能记住它们。
* 准备一个简短的预告片。记者通常会比较忙，如果你给他一份预告片，相信他会轻松地并且快速地感受游戏内容，因为他们根本没有时间来玩整个游戏。

当受访时，记住记者的工作是要讲述一个生动的故事，而不是蓄意损害你的名誉，让你在公众面前像个白痴，也同样不会刻意地美化你和你的产品。试着不受外界影响，不要盛气凌人，也不要太过明显的移情的去表达你的观点。

只需要注意回答提问的内容，表达你的观点。要知道当记者在场时你说的每一句话都可能会成为他们抨击的目标。

产品介绍及产品演示版

产品介绍在这段市场运行阶段是比较关键的，它可以显示出制作团队的实力。每个开发方都会在产品介绍上下大力度做好做精，这时你应该使用产品演示版。

制作出色的演示版脚本

一个 DEMO 脚本是向媒体呈现产品的"原稿"。一个制作精良的 DEMO 由摘要、目录、游戏主要功能特点组成。让观众和玩家们对将要介绍的事物有个直观的认识，如果你自己没有宣传语那么引用其他人的，比如亚当斯、乔治巴顿、亚里士多德、柏拉图等，甚至商界领袖、电影明星、电影角色的名言均可。但无论引用什么都要恰当，并且与游戏紧密关联，使观众不由自主的将其与游戏信息联系起来，并起到支持作用。游戏能够并且应当成为一种富有感情的、热情与努力相融合的事物，我们想传达给玩家一种意向、一种体验、一种感情。

演示脚本应包含以下几点：

* 游戏承诺
* 关键信息
* 功能特点及权益
* 机遇

关于发行日期及最低配置等细节问题应在公关/市场营销及销售文件中阐明。如果开发方在演示脚本里列出了这几项那么听众一定想知道游戏内容和开发方收益情况，所以要避免这种情况。

制作出色的 DEMO

一个出色的 DEMO 具备一些策略和体验元素。当然也需要游戏进行存档这样可以用即时加载的游戏场景来展现游戏本身。确保情节、剧本、特效都准备完毕，用一段游戏或过场动画来作为 DEMO 的开始部分，然后引入游戏界面。要表现出你对于展示的兴奋情绪，还要确保该 DEMO 之前在其他电脑上已经顺利运行过，确保万无一失。

可下载的 DEMO

可下载的 DEMO 是游戏的另一种版本。无论何时，另一版游戏的制作应该当做是独立的产品对待，这是很重要的。DEMO 需要和完整版一样进行运行测试，DEMO 的游戏引擎和正式版的相同。因此 DEMO 同样可以反映出游戏正式版引擎的安全问题、技术问题、反盗版问题等指标。

DEMO 要通过一两分钟的游戏来吸引玩家，换句话说，DEMO 的内容要简练精彩，对玩家有较强的吸引力和感染力。并且能够刺激玩家的购买欲望。

预览及攻略指南

近年来几乎所有的游戏在发行时都会伴随攻略指南的公布。而这种附属品对于游戏来说也是必要的。以下是确保游戏攻略指南完整、易于理解、易于操作的几个方法：

* 将设计文档准备完毕并经校正、源代码分类。开发团队在开发过程中要对其进行不断更新。当攻略指南制作开始时将整个目录制成 CD 并将其送到出版人手中，让攻略作者收到这些资料，确保每个关卡与地图相匹配。

* 游戏攻略可以通过媒体、报刊进行推广，要确保游戏攻略简明有效。

* 每个板块都应该含有秘籍说明和 build – specific readme 文件及相关文件。攻略需要随时更新板块，把更新的内容发给出版方，如果有截图插图那么确保所选的插图包含在 build CD 或 DVD 中。

* 要做好答问的准备，这对于游戏前景方面很关键，要让你的攻略精彩。无论用什么联络方式要保证在一天之内回复问题。

* 就这种附属产品而言，适时的审查是使其获得成功的关

键。由于审查时间的不确定性所以其不能被列入销售日程表。但是这降低了许可费用，也同样减少了附属产品在潜在市场的相互作用。要保证审查的时间。

游戏如何受益与攻略

以下是吉尔·辛克利的一段话

"我们的 SKU 码为 8.5″×10.875″，我们在包装盒和软件商店里都贴了这些信息。如果人们翻阅我们的攻略并且没有玩过我们的游戏，我们的攻略可以激起人们的购买欲望。攻略做得越精致，内容越丰富，对于游戏越有好处。

首要的目标在于顺应游戏发展而非打乱局面。首要的三个问题就是板块、美术素材（包括封面制作）以及游戏操作。最后一点，我们一向小心细致地处理问题，缩短运作时间。我们都知道游戏开发是艰苦卓绝的。

结束语

游戏的销售是确保之前数月的努力得到回报、取得好评、取得行业认可的最后环节，不要低估、误解团队的工作，引述克里斯坦·杜瓦尔的话说："通过对将游戏送上货架的整个过程的了解，那不仅仅是开发，还有市场营销、财务管理、销售等诸多因素的参与。开发方对于成功是信心十足的。对整个过程越了解、越能和更多的人配合工作，那么你成为杰出开发方的几率就越大。"

第十一章

与营销团队成为伙伴

257

附录 A　接受信样件

"接受信样件"

里程碑清单

产品和 SKU：skating or dying for the PS2

运行平台：PSX2/IBM

事件#12　　　　　　　　　　　　　　**日期：2010. 9. 11**

重大事件项目：

程序

* 游戏板块
* 音乐和初级音效
* 碰撞 bug 缓冲物理空间
* 场景中的智能角色

美工

* 101 附加选择显示动画
* 40 物体动画
* 1 段附加 3D 轮廓（共计 8）
* 1 段选项背景
* UI 显示元素

声音

* 3 首附加曲子
* 101 个音效

程序注释

游戏板块 ☒接受　　　　　　□不接受

在本游戏中升级了技巧特技软件包，数据库完成更新。不包括特殊模式，所有的特效都匹配一个 placeholder 动画。按设计每个角色有四个升级标准及一个超级动作（动作乃角色特有）。总的来讲我们感觉特技动作比较难以完成，并且难以操作。我们认为其并不适合普通玩家操作，而是出自精确的操作人员之手。我们期待着更简易的特技动作。

我们仍然认为空间操作和重力效应有些过高。角色可以冲入空中并且要好久才会掉下来。我们想要看到缩减高度加快下落速度。我们对这些方面的原理已经进行过了解，是时候来调整物理空间的问题了。

任务数据包工作正常。我们对于路点模式有个建议，那就是安排一个信使跑出来（如玩家不得不去电影院送一个便笺然后再从电影院回到商店）。想法是安排一个任务，如同 paperboy 或者疯狂出租车一样，玩家可以获得额外时间来扔掉包裹。

音乐和初级音效 ☒接受　　　　　　□不接受

此板块中设有非循环音效（人物奥利、碰撞、滑板反弹、当一个成功的动作人物说"呜呼"），每个人物有特定的背景音乐（详见专属音轨记录）。

碰撞 bug 缓冲，物理空间 ☒接受　　　　　　□不接受

当角色垂直落地滑雪板接触表面，碰撞接近真实但是人物在这种情况下仍能够成功着陆。我们希望在之后的两个里程碑中看到这个问题得到改善。

场景中的智能角色 ☒接受　　　　　　□不接受

游戏总选择几个智能角色进行自行对抗比赛，其中一个由玩家控制（无论何时你开始滑，你的路线已经写入数据库，智能角色会根据数据库中你的数据和你进行对抗）。

美工方面注释

101 个附加界面

动画 &UI 显示元素　　　　⊠接受　　　　□不接受

总体来说，大部分的动画设计人物都是左撇子，一些角色需要反过来。

另外，我们要把情景清单打印出来，许多需要注释的地方须要明确。我们同样想要看看动画质量。

接受信样件

附录 B 引擎功能一览表

以下是供决定游戏所包括内容的清单：

建议软件

* OpenGL
* DirectX

图形引擎

* 几何构成：地形构成、场景中的物体构成、弯曲的表面构成。
* 纹理。
* 光影：游戏是否使用亮度地图？其是否支持 T&L 硬件？何种光线可行（点光、线光、光圈）？怎样的光影效果是可行的？
* 力学细节：是否成立，如何成立？
* 特效：烟雾、颗粒、反光表面、火焰等。

声音引擎

* 音效：需要多少声音？以怎样的规格？
* 音乐：音乐的风格感觉，需要怎样的音乐？
* 3D 声音：需要什么版本格式？

用户界面

* 支持什么输入设备，键盘？鼠标？手柄？摇杆？
* 支持哪些用户行为？
* 每个动作对应哪个操作键？
* 操作键变更需要什么情况？

物理引擎

* 碰撞效果如何控制？
* 什么物体受制于物理原理？
* 包括什么物理影响？重力？运动？衣物的力学效果？

脚本系统

* 采用哪种脚本系统？
* 什么事件可以编辑脚本？什么事件必须硬编码？
* 什么动作可以触发脚本？什么能够裁断脚本？进入适当的位置？更复杂的情况？
* 制作脚本应使用什么工具？

场景构建

* 构建场景建筑应使用什么工具？
* 什么工具可以定位 NPC 及其他游戏元素？
* 哪些工具可以内部确定？

模型制作和动画

* 所制作的物体如何出现？预制的模型（如《雷神之锤》）？框架贴图（如《半条命》）？
* 制造物如何制作动画？手绘？动作捕捉？
* 动画序列形式是怎样的？预制常规？程式化角色行为？
* 动画特效：相互运动，同期对白等。

物体动画

* 场景里什么物体可以移动？

* 场景里物体运动是如何规定的？是否沿着一定路线移动？他们是否是智能控制？

* 玩家能否操作物体（如拖动）？

* 特效如何作用？其中物体的动画是否与其他物体有关？物体是否受系统控制或者受时间、地形影响？他们是使用粒子效果还是力学光影？

人工智能

* 什么动作由 NPC 完成？

* 玩家如何使 NPC 反应？交互功能？点它们？通过触碰？

* NPC 如何决定做出动作？机械性的或者智能的？

* 什么游戏内容可以影响普遍智能系统？

优化

* 几何缩图：引擎是否支持立体角选择？咬合选择？

* 存储处理：运用几何和纹理高速缓存来减少载入次数，在什么范围内？

菜单系统

* 屏幕显示，平滑处理？其是否符合区域要求？

游戏配置系统

* 玩家可以设置哪些选项？

其他

* 参考技术总监和首席程序员的意见。

 附录 **C** 市场交付一览表

这里有一份清单列出了开发方应与其品牌开发经理讨论并计入进程表的项目。由于每个项目都是不同的，所以我没有给出具体的时间表，这需要就具体情况与品牌经理协定。

* 最终商标设计、品牌开发：确认产品商标在游戏中及 UI 完成
* 月度截图交付：每月向市场营销部门和公关交付截图，以供他们形成图库便于工作
* 宣传发行：向外界宣传产品
* E3 配套 CD：如果你的公司制作了一张包含产品信息的 CD，那么确保信息全面完整
* 杂志预告宣传：在发行前几个月，不要忘记杂志上的宣传预告
* 网络宣传：网络宣传是很重要的
* 平面广告：准备好高分辨率的图片用来制作广告
* 包装广告：这些是烧钱的工作
* 板块：预览和复查的板块以最小形式，同样需要交给市场部门
* 游戏开发者会议：需要在会议上使用的资料
* E3：每年一度的 E3 大展需要你准备你游戏的 DEMO。确保有合适的公关
* 玩具博览会：每年年初在纽约举行

* 东京游戏展：每年春季在东京举办
* 欧洲计算机商贸展示会：秋季在伦敦举办
* 销售会展：每季度销售人员会议，确保你的产品能通过站台展示得到关注
* 刊物预告：公测，预发行版本，这样他们可以开始评论
* 娱乐分级委员会：虽不是有特殊目的的评估，但是要在生产前完成
* 发布市场公测：为了引起公众兴趣
* 非互动 DEMO：引擎运行游戏中的动画，可供杂志刊登或者网络下载
* 设计文档和功能清单：特别版或市场部门
* 特殊及常规美工：如设计图、数据或设计概念和渲染等
* 功能清单及产品描述：配合市场部门确保数据的准确
* 人物角色图片或 3D 渲染模型：以其为中心的图像突出市场战略主题
* 攻略、秘籍、存档游戏：准备给攻略作者和编辑
* 原生音轨 CD：可以另作盈利项目
* AVI 格式的游戏动画截取：游戏运行或演示
* 供娱乐软件分级委员会使用的攻略、秘籍等
* 高质量美工，特殊渲染演示：供杂志使用
* GIFs 格式动画：供在线观看
* 幕后访问、视频脚本、照片等：这些可以帮助你得到适当的宣传
* 编辑撰写人见面日：编辑人员、评论人员及报刊来参观游戏情况时，至少要有一个发言人和行政人员来介绍游戏
* 发言人和行政人员：E3、IPT、DPT 的活动需要发言人和行政人员
* 问答文档：所有人与刊物对话时需要参考
* 电影预告、预告视频：可供下载，剧场播放以及电视广告

附录 D　开发工具

此附录里涵盖了可以辅助开发人员每天工作的一些工具，以供参考。

* 接受测试记录里程碑
* 提交文档清单里程碑
* 美工状况清单
* 声音状况清单
* 风险管理计划

	Screenshot Filename	Verified by (NAME)	Required by Design Spec (Y/N)	Notes
Notes on how to use this MAT:				
Receive and review milestone submission				
Screenshot filenames are found on D:\XXX of the CD provided				
Verified by name to Client employee who verifies the work submitted (art asset, gameplay texture, screenshot or music/sound)				
Required by Design Specification? Refers to the asset's existence in the design spec				
Notes is a separate section containing any additional comments required for a particular item.				Completed & Reviewed – Publisher has Approved this item
Prototype Submissions Checklist tab contains a list of all required material to meet the Milestone.				Completed – It is ready / or Publisher to review.
Music & Sound tab contains a list of required audio assets for the Milestone.				Blank field – it is still being worked on.
Design Production				
USER INTERFACE				
GENERIC	Please see the following in-game.			
Mouse Cursor				
FRONT-END			Y	
Intro Screen				
Icons			Y	
IN-GAME			Y	
Icons			Y	
HUD			Y	
DOCUMENTATION				
PRODUCTION				
Project File			Y	
DESIGN	Please find these documents in the Documents folder on the Assets CD provided			
Party_Systems.doc	Documents Delivered on CD		Y	Completed
Back_Story.doc	Documents Delivered on CD		Y	Completed
Back_Story_FAQ.doc	Documents Delivered on CD		Y	Completed
Character_Development.doc	Documents Delivered on CD		Y	Completed
Character_Actions.doc	Documents Delivered on CD		Y	Completed
Character_Skills.doc	Documents Delivered on CD		Y	Completed
Combat.doc	Documents Delivered on CD		Y	Completed
Art Production				
Asset Creation (Original Specification)				
Battlements & stairway	CD/Root/Art Assets [FILENAME]		Y	
7th Century building 1	CD/Root/Art Assets [FILENAME]		Y	
7th Century building 2	CD/Root/Art Assets [FILENAME]	Publisher Rep 1	N	Unable to locate tree
Tree 1	CD/Root/Art Assets [FILENAME]		Y	
Tree 2	CD/Root/Art Assets [FILENAME]		Y	
Assorted rocks & other elements	CD/Root/Art Assets [FILENAME]		Y	
Grass & paths	CD/Root/Art Assets [FILENAME]		Y	
Ghost	CD/Root/Art Assets [FILENAME]		Y	
Male warrior	CD/Root/Art Assets [FILENAME]		Y	
Female warrior	CD/Root/Art Assets [FILENAME]		Y	

Prepared by: D. Gillespie

事件 1 提交一览表

（事件定义如下）

负责人	情况	文件名
游戏目录 CD - R 媒体，标记 w/autorun.ini	主程序员	
艺术美工 CD	艺术总监	
目录记录	开发助理	
游戏演示说明	QA 领导，开发助理	未完成
故障处理	QA 领导	
执行摘要	开发方	
项目进度表		
A 部分		
产品工艺	开发人员	完成 w:\ doc \ prc
团队组织图表、职务 & 责任	开发助理	完成 w:\ doc \ ad
Gantt 图表	开发人员	完成 presentation
风险评估模型	开发人员	完成风险管理
邮购服务		完成 w:\ doc \ ad
B 部分		
预算	开发人员	
命令更新建议	开发人员	
建立设计文档		
高概念	开发人员，开发助理	完成 w:\ doc
背景故事，情节摘要	开发助理	完成 w:\ doc
游戏章节设计系统	开发助理	
游戏功能设计清单（按序）	开发助理	
艺术加工指导方针		
风格描述	艺术总监	
艺术框架描述	艺术总监	
部分和特殊渲染	艺术总监	
音乐及音效处理	开发人员	完成
销售清单	艺术总监	
影片海报	艺术总监	
CD 包装美工	艺术总监	
技术设计程序		
引擎功能概述清单	主程序员	
服务器技术讨论	主程序员	
关于事件 2		
引擎功能概述清单	主程序员	
包含功能细节描述	主程序员	
工具套装描述	主程序员	

第三方保管合约

    确保所有里程碑准备好交付给第三方保管，包括整个游戏的所有源代码。这样即使自方数据丢失仍有备份可以使用，不会造成太大损失。这是拯救计划的一部分。

开发工具

ART STATUS Tracking Sheet

CLASS	NAME	DES	(initials) artist	Days to complete est	3D Model MOD	artist	est	Texturing TEX	artist	est	Animation ANI	Damage Animation DAM ANI	Level of Detail LOD	Optimize RE-TEX / OPT	FINISHED! CLOSED
Bad Guys	SCOUT	X	AK	na	X	DC	1		DC	4					
Bad Guys	FIGHTER		DC	3		DC	1		DC	8					
Bad Guys	MARTIAL ARTIST1		DC	2		DC	1		DC	6					
Bad Guys	MARTIAL ARTIST2														
Bad Guys	MARTIAL ARTIST3	X	AK	na	X	na	na	X	na	na					
Bad Guys	MARTIAL ARTIST4	X	AK	na	X	AD	1		AD	3					
Bad Guys	MARTIAL ARTIST5		DC	2		AD	1		AD	4					
Bad Guys	KUNG FU GUY	X	AK	na	X	na	na	X	na	na					
Bad Guys	KUNG FU GUY	X	AK	na		DC	3		DC	8					
Bad Guys	KUNG FU GUY	X	AK	na		DC	2		DC	4					
Bad Guys	KUNG FU GUY	X	DC	na		DC	2		DC	4					
Bad Guys	SUPPORTING CHARACTER	X	DC	1		DC	2		DC	4					
Bad Guys	MAGIC GUY		DC	3		DC	2		DC	4					
Bad Guys	SPECIAL MAGIC GUY														
Bad Guys	Small, but Deadly	X	DC	5		AD	4		AD	11					
Bad Guys	Big Big Bad Guy	X	AK	na		AD	2		AD	2					
Bad Guys	Big Big Bad Guy	X	AK	na		AD	2		AD	6					
Bad Guys															
Bad Guys	Other Bad Guys 1		DC	5		DC	2		DC	3					
Bad Guys	Other Bad Guys 2	X	AK	na	X	DC	2		DC	3					
Bad Guys	Other Bad Guys 3		RC	5		DC	5		DC	16					
Bad Guys															
Bad Guys	Major NPC	X	DC	1		DC	1		DC	2	na	na			
Bad Guys	Major NPC	X	AK	na	X	DC	1		DC	2					
Bad Guys	Major NPC	X	AK	na	X	DC	1		DC	2					
Bad Guys	Major NPC	X	DC	na	X	DC	1		DC	2	na	na			
Bad Guys	Major NPC	X	AK	22		DC	2		DC	3					
Bad Guys	Major NPC	X	AK	5		DC	3		DC	4					

SOUND CONTENT CHECKLIST

ART ASSET

Character Class	NAME
Bad Guys	BOSS
Bad Guys	FIGHTER
Bad Guys	MARTIAL ARTIST1
Bad Guys	MARTIAL ARTIST2
Bad Guys	MARTIAL ARTIST3
Bad Guys	MARTIAL ARTIST4
Bad Guys	MARTIAL ARTIST5
Bad Guys	KUNG FU GUY
Bad Guys	KUNG FU GUY
Bad Guys	KUNG FU GUY
Bad Guys	KUNG FU GUY
Bad Guys	SUPPORTING CHARACTER
Bad Guys	MAGIC GUY
Bad Guys	SPECIAL MAGIC GUY
Bad Guys	FINAL DESTROYER
Bad Guys	ELIMINATOR
Bad Guys	ASSAULT CARRIER
Bad Guys	Other Bad Guys 1
Bad Guys	Other Bad Guys 2
Bad Guys	Other Bad Guys 3
Bad Guys	Mage NPC
Bad Guys	Mage NPC
Bad Guys	Mage NPC
Bad Guys	Minor NPC
Bad Guys	Minor NPC
Bad Guys	Minor NPC

BACKGROUND: Don't forget background music

ANIMATICS: Are World 1 - OPENING, BACKSTORY
ANIMATICS: Don't forget the music for in-game animatics
NB: Don't forget the music for in-game animation

DAMAGE

Sound Effects: So in this each row SMALL SB (Generic SFX)
ETC DAMAGE_EXPLOSIONS FIERY RETURN (Generic SFX)
ETC DAMAGE_EXPLOSIONS FIERY LARGE (Generic SFX)
User Interface SFX: Don't forget UI SFX

MUSIC
Music for Conflicts: Each Major Conflict should have music

CHARACTER THEME: Main Character Theme 1

STAGE: Random Stage are Always Required

TUTORIAL: Don't forget speech for the tutorial

PROMO/TRAILERS
SOUNDTRACK MIX

SOUND CONTENT | SP - Single Player Action | ANI - Animation | DAM - Damage/Fighting

风险管理计划操作步骤

步骤：

1

召开一个风险管理界定会议的第一部分

召开会议，集思广益列出每一个可能出现的风险。包括所有可能导致风险的渠道：程序、美术、声音、开发等。与会期间先不要对风险进行评估。最后完成一份完整的项目风险清单。如：技术基金、游戏发行范围、游戏发行日期、资金来源、团队的技术实力、市场定位、测试，甚至平台开发也要考虑在内。

2

风险管理界定会议的第二部分

在此阶段，评估每个确定的风险因素。

认定 = 可能性：评估每个风险因素可能发生的几率

量化 = 影响程度：评估每个风险因素会对计划产生什么样的影响

运用量度指标：从 0% ~ 100%，每 20% 为一个区间

量度指标：最低 0 20 40 60 80 100 最高

将两个指标相乘得出 PI

例子：$P = 0.6$ $I = 0.6$ $PI = 0.36$

例子：$P = 0.8$ $I = 1$ $PI = 0.80$

3

对 PI 数值分级（指 PI 表格）

你可以根据你自己的具体情况对数值进行分级处理，从而使之敏感程度改变。如下：

所有的风险数值超过 50% 的，被定为高风险（进入红区）

或者

在两个数值指标相乘时根据你的具体情况增加一个补充数值，如：

$P = 0.6$ $I = 0.6$ 但是公司对于某个因素比较敏感，所以补充数值 $W = 2$

$PI = P * (I * W)$ $PI = 0.6 * (0.6 * 2)$ $PI = 0.6 * 1.2$ $PI = 0.72$

4

建立风险评估计划（指风险评估计划表）

列出所有风险，按 PI 因素分类，按 PI 基值率排序。

5

为每个风险制定计划（指特别计划表）

谁来负责计划？

解决风险需要多久？

＊此表由罗宾逊提供

附录 E 里程碑制定的条目

以下是假想的动作游戏 AdventureX 的样表。

AdventureX 里程碑

完成日期	事件
4/21/11	**雇佣事宜概念进展** 合同执行
5/08/11	**XYZ 解密设计** 此项包括取决于 X 人物监狱场景和所含关卡、电子场景和瀑布场景的游戏主要要素设计。包括运用 puzzle template 设计的 XYZ 游戏内容（如表格 H 所示）包括通过母盘测试阶段来确保所有内容（element）均已完成. 他可以从细节角度描述游戏内容的构成，明确表示哪些内容出自其他的场景或关卡，概念草图可以阐明复杂游戏设计内容的效用。
6/06/11	**第一阶段纹理处理** 以玩家控制移动角度，引擎运行野外场景的几何模型。模型已经过纹理处理。不设碰撞、光影等效果，具体内容及游戏操作运行。野外场景纹理处理不以全速运行。

7/10/11　　　　**瀑布处理和电子场景的解密设计**

对于 Waterfall World and Electric World and included levels，包括了一份该游戏的历史背景介绍及关卡的综合概述、基本规则、作者、原因及时间。交付运行的游戏内容包括每关具体内容与其相应的攻略对应。并且要含有足够的信息从而使读者对大体情况有所了解，但是不包括秘籍和完成的设计。分析会议记录通常不被接受，只加入建议游戏内容概念即可。游戏设计概念概述可以表现游戏的大体主题思路，同样还有游戏重要场景的环境描述。

8/11/11　　　　**首个可运行版和剩余场景及所含关卡，解密设计和引擎内容清单**

可运行版包括了引擎可运行的野外场景，包括了光影、碰撞、操作及所有完成的内容。包括一个人物角色移动并且做出一个动作，其人物角色并非最终完成版，未经最终纹理处理、几何处理、动作处理，并且不以全速运行。此可运行版可能会含有主要 bug（碰撞 bug）并且无法从头至尾运行。

剩余解密设计：Y 人物场景，本部分包括场景的史实角度分析——游戏主要的表达意向，基本原则是什么，制定者及其原因。对于游戏内容来说，可交付的成果是特定的，对于游戏的描述要如同攻略一样细致，这样可以使玩家了解整个游戏的细节问题。会议记录不会被接受，只有主推的概念主旨。概念概述描述了主题及关卡等，同样包括了主要场景的效果的描述，设计应突出 real – time 3D 的使用。

其中也包括了野外场景场景最终修订的设计相关信息，以及游戏背景故事相关的普通信息。

* 关于游戏情节发展的界定，包括发生事件
  的描述、发生条件、图示以及玩家可以得
  到的线索、游戏人物在什么情况下什么位
  置会有什么动机意图等。
* 一个按照玩家体验顺序的事件序列，描述
  了游戏中的事件以什么顺序、在什么时间
  发生，玩家通过事件会产生什么变化。如
  有可能，能够提供人物角色的动机和思维
  过程。
* 当游戏发展出现分支时，列出可能出现的
  情节分支。如果有必要还需要一份所有可
  能出现的情节及游戏流程分支的示意图。
* 一份关于每个场景和关卡的情节特点描
  述，其中描述了玩家通过某场景获得的相
  关信息。另外列出了可能出现的细节线
  索，可供玩家利用，以及每个场景及关卡
  的设计清单。这可以通过一些额外的细节
  介绍，使读者了解场景及关卡的情况。尤
  其是 XYZ 内容。

引擎内容清单更新及内容

9/19/11　**X 人物场景及其关卡几何模型，瀑布场景和
关卡细节设计**

X 人物场景和所包括关卡在运行中的几何模
型，从玩家控制角度这样可以在引擎中检验
其几何模型质量，此模型只经过初期纹理处
理、不设有碰撞效果、光影效果、游戏操作
或游戏内容。并且不以全速运行。

瀑布场景及其所含关卡细节设计，这是瀑布
场景及所含关卡的完成设计。相关的概述是
攻略版本的。描述每个游戏内容。主要内容
要以 GET 形势完成。

10/3/11 　　　　**菜单、选项及资源预测**

一个游戏样本包括引擎运行演示以及游戏菜单选项、显示选项、选择界面和地区资源预测。一份所有菜单功能清单。资源预测是一项以代码为决定基础的程序技术，它可以告诉玩家哪里可以迅速浏览，哪些地方要载入从而可以获得流畅的显示。所有菜单的美工工作已经完毕。此项不以全速运行。

电子场景及所含关卡细节设计同瀑布场景及所含关卡相同，在里程碑 9/19/11 中列出：X 人物场景及所含关卡纹理，瀑布场景及所含关卡细节设计和引擎内容清单。

10/24/11 　　　**X 人物场景及其所含关卡纹理处理；Y 人物 Prison 场景和 X 人物场景及相关关卡**

纹理处理包括 X 人物场景及相关关卡的几何模型处理，从玩家操作角度引擎运行场景。所有的几何模型需要进行纹理处理。不设有碰撞效果、光影效果、游戏内容及操作，并不以全速运行。

Y 人物的场景及所含关卡细节设计：和瀑布场景及所含关卡细节设计相同。在里程碑 9/19/11 中列出 X 人物场景及所含关卡的几何模型瀑布场景所含关卡细节设计，引擎内容清单，这是最终场景和关卡的设计工作。

11/08/11 　　　**角色（几何处理和纹理处理）**

所有 PC 游戏角色和 NPC 将完成制作及纹理贴图。这些不在引擎运行之内。

12/12/11 　　　**X 任务场景及所含关卡可运行版，瀑布场景及相关关卡几何构建，首个含 NPC 的可运行版，最终设计程序 X 任务场景及所含关卡可运行版**

其中包括引擎运行的 X 人物场景及所含关卡，增设碰撞效果、光影效果及操作。包含全部此测试完毕的游戏内容，但不以全速运行。不含 NPC 及其反应动作。此可运行版可能含有 bug（碰撞 bug），并无法从头至尾运行。

瀑布场景及其所含关卡几何构建

其中包括瀑布搽干净及其所含关卡引擎运行中的几何构建，检测瀑布场景及其所含关卡几何构建运行情况。几何模型为纹理贴图，不设碰撞效果、光影效果、游戏内容和操作。瀑布场景及所含关卡不以全速运行。

含 NPC 的首个可运行版

此版本将更新为包含了野外 NPC。NPC 动画除最后声音效果制作外都已制作完毕。

最终设计程序

其中包括了解密或场景经检查后变更的程序设计编辑，还包括游戏对话框的测试，总之，最终程序设计包括所有必要引擎数据更新清单，还有能满足游戏功能的技术设计。

1/16/11　**瀑布场景及所含关卡纹理处理**

瀑布场景及所含关卡纹理处理，包括瀑布场景及所含关卡以玩家操作角度在引擎中运行的几何构建处理。不设碰撞效果、光影效果、游戏内容或操作，并不以全速运行。

2/27/11　**瀑布场景及所含关卡可运行版；X 人物场景及其所含关卡可运行版更新**

其中包括引擎运行瀑布场景及其所含关卡，设有碰撞效果、光影效果、游戏操作及测试完毕的游戏内容。不以全速运行，不设 NPC 或 NPC 反应动作。瀑布场景及其所含关卡可能含有 bug（碰撞 bug）并且无法从头至尾运行。

X 人物场景及所含关卡可运行版将更新加入 NPC。所涉及 NPC 动画将除最终声音制作外全部完成。

4/17/11 **电子场景及其所含关卡几何构建处理；NPC 动画。瀑布场景及其所含关卡可运行版跟新，测试锁定**

其中包括电子场景及其所含关卡以玩家操作角度在引擎中运行建筑指向的几何构建。可检查场景及其所含关卡在引擎中运行的几何构建情况。几何模型只经过初级纹理处理。不设有碰撞效果、光影效果、游戏内容及操作。电子场景及其所含关卡几何模型不以全速运行。

瀑布场景及其所含关卡可运行版将更新加入NPC。NPC 动画将除最终声音制作外全部完成。

所有 NPC 动画待查完毕，并非所有 NPC 动画都由引擎运行，一部分将制作为 AVI格式。

测试锁定包括了所有游戏测试完成，包括动画对话框、角色对话框、游戏中的字幕、菜单、显示、书本、日记、雕塑、画外音等。所有的声音资料完成以待翻译。

4/30/11 **E3 大展**

需要准备一部备展预告片或演示版，预告片或演示版应包含角色动画序列，并制作成Quick Time 格式。

5/08/11 **电子场景及其所含关卡纹理处理**

其中包括以玩家操作角度在引擎中运行电子场景及其所含关卡的几何构建处理，已经过纹理处理。不设有碰撞效果、光影效果、游戏内容或操作。电子场景及其所含关卡不以全速运行。

6/12/11 **预备内测版；Y 人物及其所含关卡几何构建**

预备内测版包括所有游戏运行系数，但系数

可能不以终速运行或无法记录最终数据。场景及关卡可运行版包含了之前所有的可运行版加引擎运行电子场景及其所含关卡，将加入 NPC 及 NPC 反应动作。不以全速运行。预内测版可能含有 bug 并且可能无法从头至尾运行。在此阶段，最终场景及其相关关卡，将以玩家操作角度显示为目的引擎中运行 Y 人物场景及其关卡。可检查场景及所含关卡的几何构建情况。其只为初步纹理处理。不设有碰撞、光影、游戏内容及操作。

7/10/11　　　　**内测；最终过场电影**

除最终数据和最终运行速度外，所有的游戏主要部分都已经准备就绪。场景及其所含关卡可运行版包括了之前的可运行版加上引擎运行 Y 人物场景及其关卡。设有光影效果、碰撞效果、已经测试的游戏内容及操作。包含 NPC 及 NPC 反映动作。其中可能含有主要 bug。所有场景及关卡将为可运行版。但是 bug 可能会导致秘籍无法生效，NPC 动画全部合成完毕，游戏操作界面生效。Bug 测试必须全面进行，任何视效、音效的变更必须在测试阶段完成。

最终动画或无法由引擎运行，将其制作为 AVI 格式。

8/7/11　　　　**公测**

公测版本包含了游戏全部主要内容，并以终速运行。数据将最终设定完毕，但是改版仍可能含有 bug，但是主要 bug 已经解除。全部场景及关卡都准备完毕。Bug 测试将仍针对游戏平衡性（play balance）进行并最后修改。全部素材已经设定完毕，游戏将以最低硬件系统配置运行。公测版需要制作成多种语言版本：法语、德语、荷兰语、意大利语及西班牙语。开发方将在里程碑制作前给出3周的时间进行外文版本的翻译及语言制作。

9/18/11	**GOLD – 以供生产的最终正式版。最终认证**
10/4/11	**源代码**
	源代码交付
正在进行的	**由于出版方与原创作曲的合同产生的额外支出，配音录制费用，包括演员和导演的费用。**
总支出	**百万美元**
	上述所有的记录支出都应由出版方批准认可后进行交付。

优秀动漫游系列教材

本系列教材中的原创版由北京电影学院、北京大学、中央美术学院、中国人民大学、北京工商大学等高校的优秀教师执笔，从动漫游行业的实际需求出发，汇集国内最优秀的动漫游理念和教学经验，研发出一系列原创精品专业教材。引进版由日本、美国、英国、法国、德国、韩国、马来西亚等地的资深动漫游专业专家执笔，带来原汁原味的日式动漫及欧美卡通感觉。

本系列教材既包含动漫游创作基础理论知识，又融合了一线动漫游戏开发人员丰富的实战经验，以及市场最新的前沿技术知识，兼具严谨扎实的艺术专业性和贴近市场的实用性，以下为教材目录：

书　名	作　者
定格动画技巧	[美]苏珊娜·休
日本漫画创作技法——妖怪造型	[日]PLEX工作室
日本漫画创作技法——格斗动作	[日]中岛诚
日本漫画创作技法——肢体表情	[日]尾泽忠
日本漫画创作技法——色彩运用	[日]草野雄
日本漫画创作技法——神奇幻想	[日]坪田纪子
日本漫画创作技法——少女角色	[日]赤　浪
日本漫画创作技法——变形金刚	[日]新田康弘
日本漫画创作技法——嘻哈文化	[日]中岛诚
日本CG角色设计——动作人物	[美]克里斯·哈特
日本CG角色设计——百变少女	[美]克里斯·哈特
欧美漫画创作技法——大魔法师	[美]克里斯·哈特
欧美漫画创作技法——动作设计	[美]克里斯·哈特
欧美漫画创作技法——角色设计	[美]克里斯·哈特
漫画创作技巧	北京电影学院 聂　峻
动漫游产业经济管理	北京电影学院 卢　斌
游戏制作人生存手册	[英]丹·爱尔兰
游戏概论	北京工商大学 卢　虹
游戏角色设计	北京工商大学 卢　虹
多媒体的声音设计	[美]约瑟夫·塞西莉亚
Maya 3D 图形与动画设计	[美]亚当·沃特金斯
乐高组建和ROBOLAB软件在工程学中的应用	[美]艾里克·王　[美]伯纳德·卡特
3D游戏设计大全	[美]肯尼斯·C·芬尼
3D 游戏画面纹理——运用Photoshop创作专业游戏画面	[英]卢克·赫恩
游戏角色设计升级版	[英]凯瑟琳·伊斯比斯特
Maya游戏设计——运用Maya和Mudbox进行游戏建模和材质设计	[英]迈克尔·英格拉夏
2011中国动画企业发展报告	中国动画协会、北京大学文化产业研究院
卡通形象创作与产业运营	北京大学 邓丽丽

如需订购或投稿，请您填写以下信息，并按下方地址与我们联系。

联 系 人		联系地址	
学　　校		电　话	
专　　业		邮　箱	

★地　　址：北京市海淀区中关村南大街16号中国科学技术出版社

★邮政编码：100081　　★电话：（010）62103145

★邮　　箱：bonnie_deng@163.com　　milipeach@126.com